彩插

彩插1　绘制的彩虹

彩插2　简单花朵图案

彩插3　复杂花朵图案

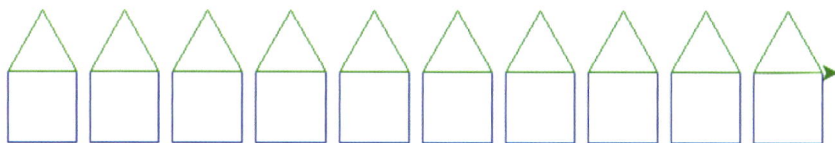

彩插4　图案示意

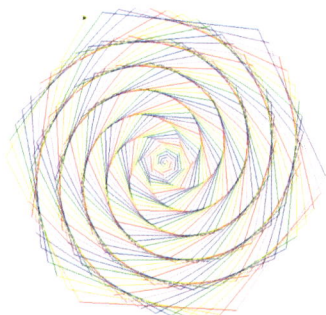

彩插5　彩色螺旋图形

彩插6　笑脸图形

彩插7　拼接方块

彩插8 奥运五环图案

彩插9 风车

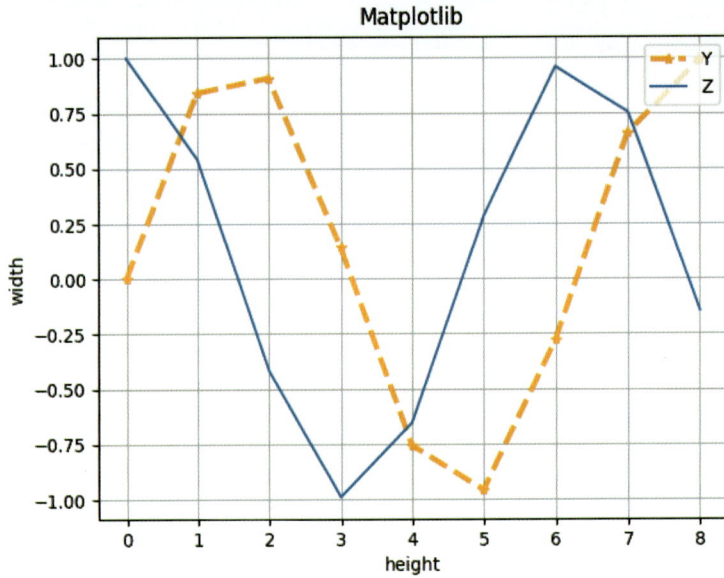

彩插10 折线图

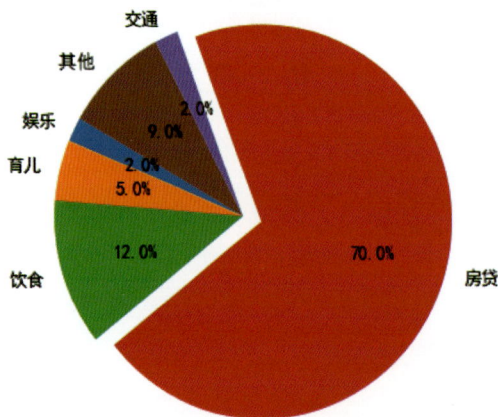

彩插11 饼状图

彩插12 厦门大学各校区（分校）占地面积饼状图

高等学校**AI赋能**
通识教育精品系列

数字素养
与人工智能通识
实验教程

林子雨◎主编

夏小云 张琦 苏淑文 郑宇辉◎副主编

DIGITAL LITERACY AND ARTIFICIAL
INTELLIGENCE GENERAL
EDUCATION EXPERIMENTS

人民邮电出版社
北京

图书在版编目（CIP）数据

数字素养与人工智能通识实验教程 / 林子雨主编.
北京 ：人民邮电出版社，2025. -- （高等学校 AI 赋能通识教育精品系列）. -- ISBN 978-7-115-67060-1

Ⅰ. TP18-33

中国国家版本馆 CIP 数据核字第 202536Z0Y8 号

内 容 提 要

本书是《数字素养通识教程——大数据与人工智能时代的计算机通识教育》的配套实验教材，内容涵盖 Python 编程、数据采集与处理、人工智能大模型应用等。读者不需要具备计算机技术基础就可以顺利完成全部实验。全书共 12 章，内容包括 Python 程序设计实践、网页数据爬取实践、使用 Kettle 工具对数据进行处理、文本类 AIGC 应用实践、图片类 AIGC 应用实践、语音类 AIGC 应用实践、视频类 AIGC 应用实践、AIGC 在编程中的应用实践、AIGC 其他应用实践、AI 搜索实践、智能体的构建应用实践、AI 协同办公实践。

本书可作为各高校开设人工智能通识课程的实验指导书，也可作为对数字素养感兴趣的读者的参考书。

　◆　主　　编　林子雨

　　　副 主 编　夏小云　张　琦　苏淑文　郑宇辉

　　　责任编辑　孙　澍

　　　责任印制　胡　南

　◆　人民邮电出版社出版发行　　北京市丰台区成寿寺路 11 号

　　　邮编　100164　　电子邮件　315@ptpress.com.cn

　　　网址　https://www.ptpress.com.cn

　　　三河市祥达印刷包装有限公司印刷

　◆　开本：787×1092　1/16　　　　彩插：1

　　　印张：12.25　　　　　　　　　2025 年 7 月第 1 版

　　　字数：364 千字　　　　　　　2025 年 9 月河北第 3 次印刷

定价：49.80 元

读者服务热线：(010)81055256　印装质量热线：(010)81055316

反盗版热线：(010)81055315

前言 FOREWORD

培养大学生的数字素养是数字时代的必然要求，具备良好数字素养的大学生能够更有效地获取、评估和应用数字信息，提升学习效率和创新能力。同时，具备数字素养也有助于大学生培养批判性思维，提高解决问题的能力，为未来的职业发展奠定坚实的基础。

《数字素养通识教程——大数据与人工智能时代的计算机通识教育》于2025年2月出版，该书详细讲解了数字素养的相关知识。为了帮助学生深化理论学习，强化实践能力，我们特别组织厦门大学信息学院实验教学中心的资深教师，精心编写了这本配套实验教材。其中，主编林子雨老师多年担任厦门大学全校大一本科生大学计算机公共课的主讲教师，其主讲的课程深受学生欢迎；副主编苏淑文、郑宇辉、张琦老师多年来一直是数据库实验课程的实验老师，和林子雨老师一起完成了多本实验教材的编写工作；副主编夏小云老师拥有丰富的AIGC工具使用经验，为本书的编写提供了很大的助力。

本书旨在通过一系列精心设计的实验项目，让学生在动手实践中掌握Python程序设计、数据采集与处理、人工智能大模型应用等技能。实验内容紧密贴合主教材和技术发展前沿，确保学生能够实现理论与实践的较好结合，全面提升学生的数字素养。

本书共12章，林子雨老师负责组织协调、内容规划、统稿、校稿等工作，并负责撰写第1章～第2章；夏小云老师负责撰写第6章～第7章；苏淑文老师负责撰写第3章、第9章、第12章；郑宇辉老师负责撰写第4章、第8章、第11章；张琦老师负责撰写第5章、第10章。

作者团队创建了高校大数据公共课程服务平台，提供了丰富的教学资源。本书提供相关软件、代码、数据集等资源，访问本书在该平台的网址 https://dblab.xmu.edu.cn/post/digital-literacy-experiment/ 即可下载，也可访问人邮教育社区下载。

我们相信，通过本书的辅助，学生能够更好地理解数字素养的精髓，提高运用数字技术解决实际问题的能力，为未来的学习和职业发展奠定坚实的基础。让我们携手并进，在数字技术的广阔天地中探索、创新、成长！

林子雨
2025年2月
于厦门大学

目录

CONTENTS

第 **6** 章
语音类AIGC应用实践

第 **7** 章
视频类AIGC应用实践

第 **8** 章
AIGC在编程中的应用实践

第 **9** 章
AIGC其他应用实践

第 **10** 章
AI搜索实践

第11章
智能体的构建应用实践

第12章
AI协同办公实践

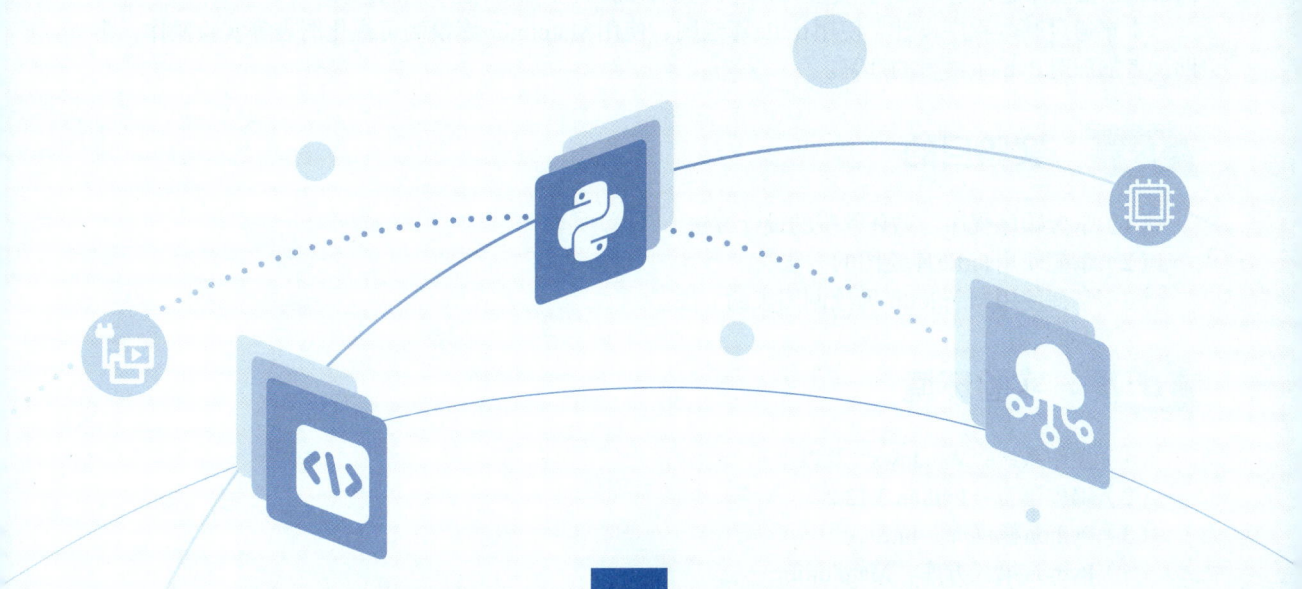

第 **1** 章

Python程序设计实践

Python是目前非常流行的编程语言，具有简洁、易读、可扩展等特点，已经被广泛应用于各个领域。从Web开发到运维开发、搜索引擎，再到机器学习甚至游戏开发，都能够看到Python"大显身手"。在当前云计算、大数据、物联网、人工智能、区块链等新兴技术蓬勃发展的新时代，Python正扮演着越来越重要的角色。对编程初学者而言，Python是理想的选择。

本章通过基本程序设计、使用trutle库绘图、使用Matplotlib库绘制可视化图表等实验操作，帮助读者加深对Python语言的理解。

1.1　实验目的

（1）掌握顺序程序、循环程序的设计方法。
（2）掌握使用turtle库绘图的方法。
（3）掌握使用Matplotlib库绘制图表的方法。

1.2　实验环境

（1）操作系统：Windows 7及以上。
（2）编程语言：Python 3.12.2。
（3）Python标准库：turtle。
（4）Python第三方库：Matplotlib。

1.3　实验内容

1.3.1　搭建Python开发环境

本小节介绍Python的安装、设置当前工作目录、使用交互式执行环境、运行代码文件、使用IDLE编写代码等内容。

1. 安装Python

Python可以用于多种平台，包括Windows、Linux和macOS等。本书采用的操作系统是Windows 7及以上版本，使用的Python版本是3.12.2（该版本于2024年2月6日发布）。请读者到Python官方网站下载与自己计算机操作系统匹配的安装包，比如，64位Windows操作系统可以下载python-3.12.2-amd64.exe（读者也可以到本书资源平台下载该文件）。下载好后运行安装包开始安装，在安装过程中，要注意选中"Add python.exe to PATH"复选框，如图1-1所示，这样可以在安装过程中由系统自动配置PATH环境变量，避免手动配置的烦琐过程。

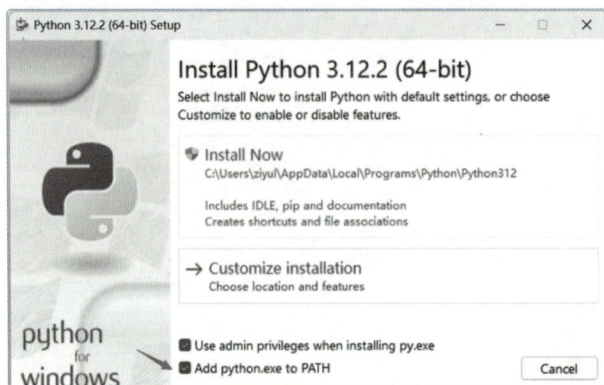

图1-1　设置PATH环境变量

单击"Customize installation"继续安装，在选择安装路径时，可以自定义安装路径，比如设置为"C:\python312"。接着在"Advanced Options"下方选中"Install Python 3.12 for all users"复选框，如图 1-2 所示。

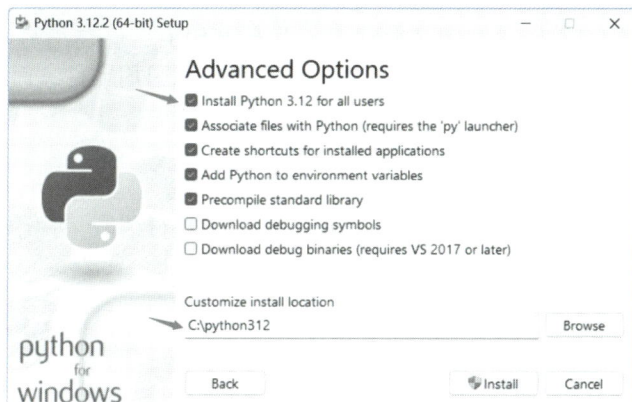

图 1-2　设置安装路径

安装完成后，需要检测是否安装成功。打开 Windows 操作系统的 cmd 命令界面，执行以下命令打开 Python 解释器。

```
> cd C:\python312
> python
```

如果出现图 1-3 所示信息，则说明 Python 已经安装成功。

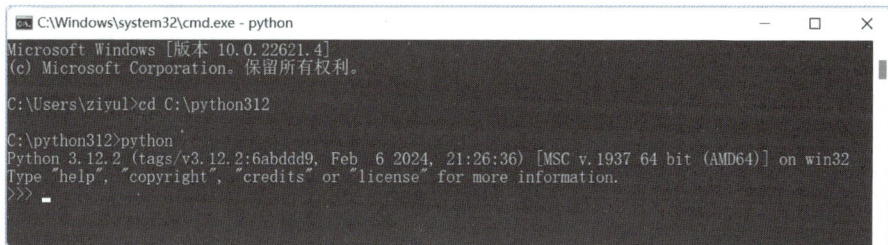

图 1-3　Python 命令行界面

2. 设置当前工作目录

Python 的当前工作目录是指 Python 解释器当前正在使用的目录。当运行 Python 脚本或交互式解释器时，Python 解释器会有一个默认的或设置好的当前工作目录，它会在此目录中查找文件或目录。例如，当用户尝试打开一个文件而不指定其完整路径时，Python 解释器会在当前工作目录中查找该文件。

当我们在 cmd 命令界面中使用"python"命令打开 Python 解释器时，在哪个目录下执行"python"命令，该目录就会成为 Python 的当前工作目录。比如，在 cmd 命令界面中执行以下命令。

```
> cd C:\
> python
```

进入 Python 解释器后，当前工作目录就是"C:\"。
再比如，在 cmd 命令界面中执行以下命令。

```
> cd C:\python312
> python
```

进入 Python 解释器后，当前工作目录就是"C:\python312"。

进入 Python 解释器后，可以使用 Python 的 os 模块来查看当前工作目录，具体命令如下。

```
>>> import os
>>> print(os.getcwd())
C:\python312
```

虽然 Python 的当前工作目录在大多数情况下都是有用的，但在编写可移植和可维护的代码时，最好使用绝对路径或相对于某个固定点的相对路径来引用文件，而不是依赖于当前工作目录。

3. 使用交互式执行环境

图 1-3 所示界面就是一个交互式执行环境（或称为"解释器"），用户可以在 Python 命令提示符 ">>>"后面输入各种 Python 代码，按回车键后就会立即看到执行结果。示例如下。

```
>>> print("Hello World")
Hello World
>>> 1+2
3
>>> 2*(3+4)
14
```

4. 运行代码文件

假设在 Windows 操作系统的 Python 安装目录下已经存在一个代码文件 hello.py，该文件里面只有如下一行代码。

```
print("Hello World")
```

现在我们要运行这个代码文件。我们可以打开 Windows 操作系统的 cmd 命令界面，并在命令提示符后面输入以下语句。

```
> python C:\python312\hello.py
```

运行结果如图 1-4 所示。

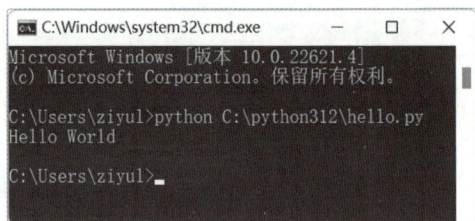

图 1-4　代码文件 hello.py 运行结果

5. 使用 IDLE 编写代码

Python 安装成功后，会自带一个集成式开发环境 IDLE，它是一个 Python Shell，用户可以利用 Python Shell 与 Python 交互。

在 Windows 操作系统的"开始"菜单中找到"IDLE(Python 3.12 64-bit)"，单击进入 IDLE 主窗口，如图 1-5 所示，窗口左侧显示有 Python 命令提示符 ">>>"。在命令提示符 ">>>"后面输入 Python 代码，按回车键后，系统会立即返回代码运行结果。

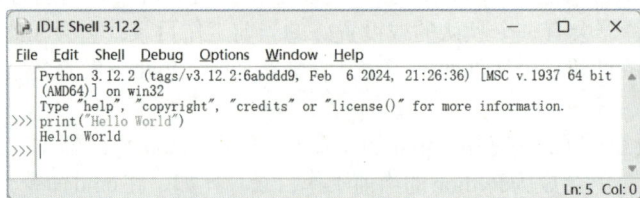

图 1-5　IDLE 主窗口

如果要创建一个代码文件，可以在 IDLE 主窗口的顶部菜单栏中选择"File→New File"，系统会弹出图 1-6 所示的文件窗口。我们可以在里面输入 Python 代码，输入完后，在顶部菜单栏中选择"File→Save As…"，把文件保存为 hello.py。

如果要运行代码文件 hello.py，可以在 IDLE 文件窗口的顶部菜单栏中选择"Run→Run Module"（或直接按快捷键"F5"），这时系统就会开始运行程序。程序运行结束后，在 IDLE Shell

窗口会显示运行结果，如图1-7所示。

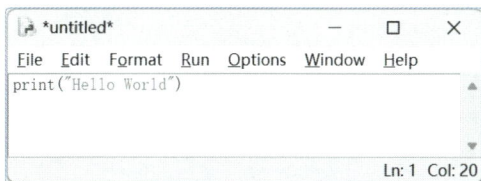

图1-6　IDLE的文件窗口　　　图1-7　程序运行结果

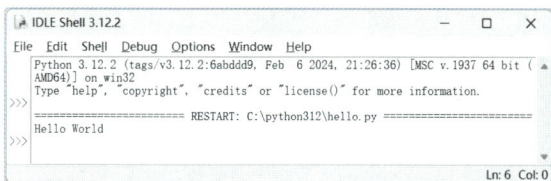

1.3.2　基本程序设计

（1）编写程序，实现以下功能：判断输入的一个整数能否同时被2和3整除，若能，则输出"Yes"；否则输出"No"。

【参考答案】

```
# program1-1.py
a=int(input("请输入一个整数："))
if a%3==0 and a%2==0:
    print("Yes")
else:
    print("No")
```

（2）空气质量问题一直是社会所关注的，一种简化的判别空气质量的模式如下：PM2.5的值在 0～35（不含35）为优，在35～75为良，在75以上为污染。请编写程序，实现以下功能：输入PM2.5的值，输出当日的空气质量情况。

【参考答案】

```
# program1-2.py
PM=eval(input("请输入 PM2.5 的值："))
if 0<=PM<35:
    print("优")
elif 35<=PM<=75:
    print("良")
else:
    print("污染")
```

（3）编写程序，实现以下功能：判断一个分数x（单位：分）的等级，如果$x \geqslant 90$，则记为"A"；如果$80 \leqslant x < 90$，则记为"B"；如果$70 \leqslant x < 80$，则记为"C"；如果$x < 70$，则记为"D"。

【参考答案】

```
# program1-3.py
x=int(input("请输入分数："))
if x>=90:
    grade='A'
elif x>=80:
    grade='B'
elif x>=70:
    grade='C'
else:
    grade='D'
print(grade)
```

（4）编写程序，实现分段函数的计算，分段函数如下。

$$y=\begin{cases} 0, & x<5, \\ 5x-25, & 5\leqslant x<10, \\ (x-5)^2, & x\geqslant 10。 \end{cases}$$

【参考答案】

```
# program1-4.py
x = int(input("请输入一个数："))
if x < 5:
    y=0
elif 5<=x<10:
    y=5*x-25
else:
    y=pow(x-5,2)
print(y)
```

（5）编写程序，实现以下功能：输入任意一个正整数，求出它是几位数。

【参考答案】

```
# program1-5.py
number = int(input('请输入一个正整数：'))
count = 0
while number != 0:
    number //= 10
    count += 1
print('%d 是一个 %d 位数 '%(number,count))
```

（6）编写程序，求整数1～100的累加值，但要求跳过所有个位为5的数。

【参考答案】

```
# program1-6.py
sum = 0
for x in range(1,101):  # range(1,101) 可以生成 1 到 100 的整数
    if x % 10 != 5:
        sum += x
print(' 累加求和结果是：',sum)
```

（7）将本金10000元存入银行，年利率是2‰。每过1年，将本金和利息相加作为新的本金。编写程序，计算5年后所获得的本金。

【参考答案】

```
# program1-7.py
money = 10000
year = 5
interest = 0.002
for i in range(1,year + 1):
    money = money + money * interest
print('5 年后的本金是：%f'%money)
```

（8）编写程序，实现以下功能：输入一个数值，输出从1到这个数的所有奇数，并且每隔10个数换一行。

【参考答案】对于输入的数值number，从1开始遍历，一直遍历到number，只要是奇数就将其输出。同时，设置一个换行标志m，每次输出一个奇数，就使m加1，当m可以被10整除时，就输出换行符。具体实现代码如下。

```
# program1-8.py
number = int(input('请输入一个整数：'))
```

```
m = 0
for i in range(1,number+1,2):
    print(i,' ',end='')
    m += 1
    if m % 10 == 0:
        print()
```

（9）有一个分数序列2/1,3/2,5/3,8/5,13/8,21/13,…，编写程序，求这个数列的第20个分数。

【参考答案】

```
# program1-9.py
fen_mu1 = 1
fen_zi = 2
fen_mu2 = 2
i = 1
while i< 20:
        fen_zi = fen_mu1 + fen_zi
        fen_mu1, fen_mu2 = fen_mu2, fen_mu1
        fen_mu2 = fen_mu1 + fen_mu2
        i += 1
print(fen_zi,'/',fen_mu1)
```

（10）编写程序，求 n 的阶乘。$n! = 1 \times 2 \times 3 \times \cdots \times n$，比如，$5! = 1 \times 2 \times 3 \times 4 \times 5$，结果为120。

【参考答案】

```
# program1-10.py
number = int(input('请输入一个整数: '))
result = 1
for i in range(1,number+1):
    result *= i
print('%d 的阶乘为: %d'%(number,result))
```

（11）编程实现用户登录管理：提示用户输入用户名和密码，判断用户名和密码是否正确（要求用户名是admin，密码是123456），如果正确，则用户登录成功；如果错误，再提示用户重新输入（最多可以尝试3次）。

【参考答案】

```
# program1-11.py
for i in range(3):
    username = input('请输入用户名: ')
    password = input('请输入密码: ')
    if username == 'admin' and password == '123456':
        print('登录成功')
        break
    else:
        print('用户名和密码错误, 请重新输入, 还剩 %d 次机会'%(2-i))
else:
    print('尝试超过 3 次, 登录失败')
```

（12）求两个数的最大公约数和最小公倍数。

【参考答案】

```
# program1-12.py
# 输入两个整数
num1 = int(input('请输入第 1 个整数: '))
num2 = int(input('请输入第 2 个整数: '))
```

```
# 找出两个数中的较小者
min_num = min(num1,num2)

# 确定最大公约数
for i in range(1,min_num+1):
    if num1 % i == 0 and num2 % i == 0:
        max_commer = i
# 最小公倍数
min_commer = num1*num2//max_commer
print('%s 和 %s 的最大公约数是 %s'%(num1,num2,max_commer))
print('%s 和 %s 的最小公倍数是 %s'%(num1,num2,min_commer))
```

（13）编写程序，根据n的不同值，输出相应的形状。例如，当$n=4$时，输出以下形状。

```
   1
  121
 12321
1234321
```

又如，当$n=5$时，输出以下形状。

```
    1
   121
  12321
 1234321
123454321
```

【参考答案】通过观察可以发现，在输出的形状中，每层的内容包括3个部分：空格、升序数字、降序数字。对于$n=4$的情况，在第1层中，先输出3个空格，再输出升序数字1；在第2层中，先输出2个空格，再输出升序数字12，接着输出降序数字1；在第3层中，先输出1个空格，再输出升序数字123，接着输出降序数字21；在第4层中，先输出0个空格，再输出升序数字1234，接着输出降序数字321。根据上述过程就可以找到每层中空格、升序数字、降序数字的规律，进而可以写出以下代码。

```
# program1-13.py
n = int(input('请输入 n 的值: '))
c = n
for i in range(1,n+1):                    # 控制输出的层数
    for l in range(1,n-i+1):              # 控制输出空格
        print(' ',end='')
    for j in range(1,i+1):                # 控制输出升序数字
        print(j,end='')
    for k in range(j-1,0,-1):             # 控制输出降序数字
        print(k,end='')
    print('')
```

（14）编写程序，实现以下功能：输入层数x，输出类似下面的等腰三角形（其对应$x=5$）。

```
    *
   ***
  *****
 *******
*********
```

【参考答案】以5层的等腰三角形为例，在第1层中，先输出5个空格，再输出1个*；在第2层中，先输出4个空格，再输出3个*；在第3层中，先输出3个空格，再输出5个*……由此就可以推断出每层中空格个数和星号个数的规律。具体实现代码如下。

```
# program1-14.py
x=int(input("请输入层数: "))
for i in range(0,x):
    for e in range(i,x):
        print(" ",end='')
    for j in range(1,2*i+2):
        print("*",end='')
    print()
```

（15）编写程序，求出 1 ～ 10000 的所有完美数。所谓的"完美数"是指，这个数的所有真因子（即除了自身的所有因子）的和恰好等于它本身。例如，6（6=1+2+3）和 28（28=1+2+4+7+14）就是完美数。

【参考答案】可以通过双层 for 循环来实现。用外层 for 循环来遍历 1 ～ 10000 的所有整数，对于当前遍历到的某个具体整数，使用一个内层 for 循环来找到该整数的所有真因子，再对所有真因子求和，看看求和结果是否等于该整数本身，如果相等，该整数就是完美数。具体实现代码如下。

```
# program1-15.py
for i in range(1, 10000):
    a =i+1
    sum1 = 0
    for j in range(1, a):
        if a % j == 0:
            sum1 += j
    if sum1 == a:
        print(a, end=' ')
```

（16）编程找出 15 个由 1、2、3、4 这 4 个数字组成的各位不相同的三位数（如 123、341，反例如 442、333），要求用 break 控制个数。

【参考答案】可以构建一个 3 层 for 循环，每层循环都对 1、2、3、4 这 4 个数字进行遍历，对于最内层循环，需要判断当前遍历得到的一组 3 个数字是否互不相同，如果不同就将其输出，如果含有相同数字，就继续遍历下一组 3 个数字。具体实现代码如下。

```
# program1-16.py
cont = 0
for i in range(1, 5):
    for j in range(1, 5):
        for a in range(1, 5):
            if i != j and j != a and a != i:
                if cont == 15:
                    break
                print(i, j, a)
                cont = cont + 1
print(cont)
```

（17）某公司采用公用电话传递数据，数据是四位的整数，在传递过程中是加密的，加密规则如下：将每位数字都加上 5，再用和除以 10 的余数代替该数字，接着将第一位和第四位交换，第二位和第三位交换。编写程序，求输入的四位整数加密后的值。

【参考答案】对于一个四位数密码，可以分别求出它的个位数、十位数、百位数和千位数，并分别进行加密转换，对于加密转换后得到的新数字，要按照反向的顺序拼接起来。具体实现代码如下。

```
# program1-17.py
psw = int(input('请输入一个四位数密码:'))
password = 0
result = ''
```

```
for i in range(1,5):
    password = (psw % 10 + 5) % 10
    result += str(password)
    psw //= 10
print(result)
```

（18）编写程序，求100以内素数之和。素数是一个大于1的正整数，除了1和它本身以外，不能被其他正整数整除。

【参考答案】

```
# program1-18.py
con = 0
sum = 0
for i in range(2,101):
    for j in range(2,i):
        if i%j == 0:
            break
    else:
        print(i,end=" ")
        con += 1
        sum += i
print("素数之和为: ",sum)
print("共有 ",con," 个素数! ")
```

（19）编写程序，求解以下问题：一张纸的厚度大约是0.08mm，对折多少次后，它能达到珠穆朗玛峰的高度（8848.86 m）？

【参考答案】可以使用一个while循环，在循环体中，每次对纸张进行对折，使纸张厚度变为原来的2倍，并把对折次数加1，接着判断纸张厚度是否大于珠穆朗玛峰的高度，如果大于就退出循环，否则一直进行循环。具体实现代码如下。

```
# program1-19.py
a = 884886000
b = 8
c = 0
while True:
    b *= 2
    c += 1
    if b > a:
        print(b)
        break
print(c)
```

（20）编写程序，求解"百马百担"问题：一匹大马能驮3担货，一匹中马能驮2担货，两匹小马能驮1担货，如果用100匹马驮100担货，那么有大、中、小马各几匹？

【参考答案】可以设计一个3重for循环，每层for循环都对可能的马匹数量进行遍历，这样最内层for循环就可以产生一个由3个整数a、b、c构成的组合。接着判断$(a+b+c)=100$和$(3a+2b+0.5c)=100$这两个条件是否同时成立，如果成立，则输出a、b、c的值。具体实现代码如下。

```
# program1-20.py
for a in range(34):
    for b in range(51):
        for c in range(100):
            if (a + b + c) == 100 and (3 * a + 2 * b + 0.5* c) == 100:
                print('大马%d匹, 中马%d匹, 小马%d匹' % (a, b, c))
```

（21）编程实现一个猜数字游戏，要求如下：随机生成一个1～1000的数赋给sys_num，控制台输入一个整数赋给 user_num，程序判断 user_num 与 sys_num 的关系，如果 user_num ＞ sys_num，就提示"猜大了"，如果 user_num ＜ sys_num，就提示"猜小了"，如果二者相等，就提示"恭喜你，中奖啦"。只要没中奖，就需要一直猜。

　　提示：随机生成数可以调用 random 库来实现（import random）。

【参考答案】

```python
# program1-21.py
import random
sys_num = int(random.randint(0, 1000))
while 1:
    user_num = int(input(' 请输入一个整数：'))
    if user_num > sys_num:
        print(' 猜大了 ')
    elif user_num < sys_num:
        print(' 猜小了 ')
    elif user_num == sys_num:
        print(' 恭喜你，中奖啦 ')
        break
```

（22）编写程序，求 $s=a+aa+aaa+\cdots+aa\cdots a$ 的值（最后一个数中 a 的个数为 n），其中 a 是一个 1 ～ 9 的数字，如 2+22+222+2222+22222（此时 $a=2$、$n=5$）。

【参考答案】

```python
# program1-22.py
a = int(input(' 请输入 a 的值：'))
n = int(input(' 请输入 n 的值：'))
m = a
sum = 0
for i in range(0,n):
    sum = sum+m
    m = m*10+a
print(sum)
```

（23）编写程序，求 1!+2!+3!+4!+5! 的和。

【参考答案】

```python
# program1-23.py
sum = 0
for i in range(1,6):
    jiecheng = 1
    for j in range(1,i+1):
        jiecheng = jiecheng * j
    print('%d 的阶乘是：%d'%(i,jiecheng))
    sum = sum + jiecheng
print(' 求和结果是：%d'%sum)
```

（24）编写程序，求 1 ～ 100 能被 7 或 3 整除但不能同时被这二者整除的数的个数。

【参考答案】

```python
# program1-24.py
number = 1
count = 0
while number < 100:
    if (number % 3==0 or number % 7==0) and not(number % 3==0 and number % 7==0):
        count += 1
        print(' 第 %d 个数是 %d'%(count,number))
```

```
number += 1
```

（25）一个球从100 m高度自由落下，每次落地后反跳回原高度的一半，再落下。编写程序，求此球在第n次落地时总共经过的路程长度。

【参考答案】可以使用一个for循环，每次循环代表球的一次落地过程，在每次循环中，都让球的弹起高度height变为原高度的一半。除了第1次落地外（第1次落地经过了100 m），其他每次落地，球都经过了2 height的路程。因此，可以写出以下代码。

```
# program1-25.py
height = 100                              # 落地高度
count = int(input('请输入落地次数：'))      # 落地次数
sum = 0                                   # 总共经过的路程
for i in range(1,count+1):
    if i == 1:
        sum += height;
    else:
        height /= 2
        sum += height * 2
print(' 在第 %d 次落地时，球总共经过 %d 米的路程 '%(count,sum))
```

（26）可以使用下面的数列来近似计算π：

$$\pi = 4\left[1 - \frac{1}{3} + \frac{1}{5} - \frac{1}{7} + \frac{1}{9} - \frac{1}{11} + \cdots + \frac{(-1)^{i+1}}{2i-1}\right]$$

编写程序，输出当$i=10000$时π的近似值。

【参考答案】

```
# program1-26.py
sum = 0
i = 10000
for j in range(1,i+1):
    sum += (-1)**(j+1)/(2*j-1)
PI = 4*sum
print(' 当 i=10000 时，PI=%f'%PI)
```

（27）可以使用下面的数列来近似计算e：

$$e = 1 + \frac{1}{1!} + \frac{1}{2!} + \frac{1}{3!} + \frac{1}{4!} + \cdots + \frac{1}{i!}$$

编写程序，输出当$i=10000$时e的近似值。

【参考答案】

```
# program1-27.py
i = 10000
e = 1
jiecheng = 1
for j in range(1,i+1):
    jiecheng *= j
    e += 1/jiecheng
print('i=10000 时，e=%f'%e)
```

（28）一个整数，它加上100后是一个完全平方数，再加上168后又是一个完全平方数。编写程序，求出该数。（注：能表示为某个整数的平方的数称为完全平方数。）

【参考答案】

```
# program1-28.py
```

```
x = 1
i = 1
while x!= 0:
    x = int((i+100)**0.5)
    y = int((i+100+168)**0.5)
    if x*x == (100+i) and y*y == (100+168+i):
        print(i)
        x = 0
    i += 1
```

（29）有一对兔子从出生后第 3 个月起，每个月都生一对兔子。每对小兔子长到第 3 个月后，每个月又生一对兔子。假如兔子都不死，则每个月的兔子总数为多少？编写程序，求解此题

【参考答案】首先，我们需要分析兔子的数量随月份的变化情况，为此，可以列出表 1-1。

表 1-1　兔子数量随月份的变化情况

时间	兔子数/对	说明
第 1 月	1	开始时有一对兔子
第 2 月	1	
第 3 月	1+1	原本有一对，从第 3 个月开始生了一对，一共是两对兔子
第 4 月	1+1+1	又生了一对兔子
第 5 月	1+1+1+1	生了第 3 对兔子，同时第 3 个月生的第一对兔子也生了一对兔子
第 6 月	1+1+1+1+1+1+1	生了第 4 对兔子，同时第 3 个月生的第一对兔子又生了一对兔子，第 4 个月生的第 2 对兔子又生了一对兔子

其次，我们需要结合上表，总结出兔子数量的变化规律。根据上表可以得出兔子数量的序列为 1,1,2,3,5,8,…，规律就是前两项之和等于第三项。于是，我们可以编写出以下实现代码。

```
# program1-29.py
a = b = 1
c = 0
n = int(input('请输入第几个月：'))
if n == 1 or n == 2:
    print('1')
else:
    i = 2
    while i < n:
        c = a + b
        a - b
        b = c
        i += 1
    print(c)
```

（30）编写程序，实现将一个正整数分解质因数。例如，输入 90，输出 90=2×3×3×5。

【参考答案】

```
# program1-30.py
number = int(input('请输入一个正整数：'))
i = 2
print(number,'=',end='',sep='')
while True:
    if number % i == 0:
        number = number // i
        print(i,'*',end='',sep='')
        i = 1
```

```
    if number // 2 == i:
        print(number)
        break
    i += 1
```

（31）编写程序，输出以下结果。

```
1
1 2
1 2 3
1 2 3 4
1 2 3 4 5
1 2 3 4 5 6
```

【参考答案】

```
# program1-31.py
for i in range(1,7):
    for j in range(1,7):
        if j <= i:
            print(j,end=' ')
    print()
```

（32）编写程序，输出以下结果。

```
1 2 3 4 5 6
1 2 3 4 5
1 2 3 4
1 2 3
1 2
1
```

【参考答案】

```
# program1-32.py
for i in range(6,0,-1):
    for j in range(1,7):
        if j <= i:
            print(j,end=' ')
    print()
```

（33）编写程序，输出以下结果。

```
          1
        2 1
      3 2 1
    4 3 2 1
  5 4 3 2 1
6 5 4 3 2 1
```

【参考答案】

```
# program1-33.py
for i in range(1,7):
    for j in range(6,0,-1):
        if j <= i:
            print(j,end=' ')
        else:
            print('',end=' ')
    print()
```

（34）编写程序，输出以下结果。

```
1 2 3 4 5 6
 1 2 3 4 5
  1 2 3 4
   1 2 3
    1 2
     1
```

【参考答案】

```python
# program1-34.py
for i in range(6,0,-1):
    a = 6 - i
    print(' '*a,end='')
    for j in range(1,7):
        if j <= i:
            print(j,end=' ')
    print()
```

（35）编写程序，输出以下结果。

```
                            1
                        1   2   1
                    1   2   4   2   1
                1   2   4   8   4   2   1
            1   2   4   8  16   8   4   2   1
        1   2   4   8  16  32  16   8   4   2   1
    1   2   4   8  16  32  64  32  16   8   4   2   1
1   2   4   8  16  32  64 128  64  32  16   8   4   2   1
```

【参考答案】

```python
# program1-35.py
number = int(input('请输入一个整数：'))
for i in range(0,number):
    for k in range(number-i,0,-1):
        print('',end='\t')
    for j in range(1,i+1):
        print(2**(j-1),end='\t')
    for k in range(i+1,0,-1):
        print(2**(k-1),end='\t')
    print()
```

1.3.3　使用 turtle 库绘图

（1）使用turtle库绘制一个边长为100像素的正方形，颜色为蓝色。绘制结果如图1-8所示。

【参考答案】使用turtle库的forward( )和right( )方法来绘制正方形。需要循环4次，每次前进100像素并右转90°。具体实现代码如下。

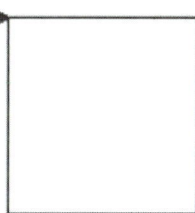

图1-8　正方形

```python
# program1-36.py
import turtle

# 设置画笔颜色为蓝色
turtle.color("blue")
# 绘制正方形
for _ in range(4):
    turtle.forward(100)          # 前进 100 像素
    turtle.right(90)             # 右转 90°

turtle.done()                    # 完成绘图
```

（2）使用 turtle 库绘制一组同切圆，如图 1-9 所示。

【参考答案】

```
# program1-37.py
import turtle

turtle.bgcolor("white")
turtle.color("black")
turtle.circle(10)
turtle.circle(20)
turtle.circle(30)
turtle.circle(40)
turtle.circle(50)
turtle.hideturtle()
turtle.done()
```

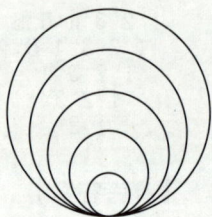

图 1-9　一组同切圆

（3）使用 turtle 库绘制一组同心圆，如图 1-10 所示。

【参考答案】

```
# program1-38.py
import turtle

turtle.bgcolor("white")
turtle.color("black")
turtle.circle(10)

turtle.pos()
turtle.up()
turtle.goto(0,-10)
turtle.down()
turtle.circle(20)

turtle.pos()
turtle.up()
turtle.goto(0,-20)
turtle.down()
turtle.circle(30)

turtle.pos()
turtle.up()
turtle.goto(0,-30)
turtle.down()
turtle.circle(40)

turtle.pos()
turtle.up()
turtle.goto(0,-40)
turtle.down()
turtle.circle(50)
turtle.hideturtle()
turtle.done()
```

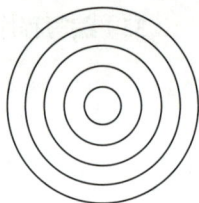

图 1-10　一组同心圆

（4）使用 turtle 库绘制一个五角星，如图 1-11 所示。

【参考答案】

```
# program1-39.py
import turtle
```

图 1-11　五角星

```
turtle.bgcolor("black")
turtle.color("white")
turtle.fillcolor("white")
turtle.begin_fill()
turtle.forward(80)
turtle.right(144)
turtle.forward(80)
turtle.right(144)
turtle.forward(80)
turtle.right(144)
turtle.forward(80)
turtle.right(144)
turtle.forward(80)
turtle.end_fill()
```

（5）使用turtle库绘制一个简单的彩虹，其包含7种颜色的曲线弧，每条曲线弧的半径递增20像素。绘制完成的图形如图1-12所示。

图1-12　绘制的彩虹（彩插1）

【参考答案】利用circle( )方法和setheading( )方法，通过调整角度来绘制曲线弧。循环7次，每次改变颜色和半径。具体实现代码如下。

```
# program1-40.py
import turtle

# 定义彩虹颜色
colors = ["red","orange","yellow","green","blue","indigo","violet"]
turtle.width(5)                          # 设置画笔宽度为 5

# 绘制彩虹
for i in range(7):
    turtle.color(colors[i])              # 设置当前颜色
    turtle.penup()                       # 抬起画笔
    turtle.goto(0,-i*20)                 # 移动到新位置
    turtle.pendown()                     # 放下画笔
    turtle.setheading(90)                # 朝上
    turtle.circle(100+i*20,180)          # 绘制半圆

turtle.done()                            # 完成绘图
```

（6）使用turtle库绘制一个简单的花朵图案，其包含6片花瓣，如图1-13所示。每片花瓣的形状可以用circle( )方法实现，颜色为红色。

【参考答案】使用循环绘制花瓣，每片花瓣由两个半圆构成。通过调整方向和位置，确保各花瓣均匀分布。具体实现代码如下。

```
# program1-41.py
import turtle
```

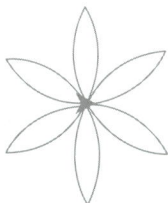

图1-13　简单花朵图案
（彩插2）

```
# 设置画笔颜色为红色
turtle.color("red")

# 绘制花朵图案
for _ in range(6):
    turtle.circle(50, 60)        # 绘制花瓣的一半（半径为 50 像素，圆心角为 60°）
    turtle.left(120)             # 左转 120°，准备绘制花瓣的另一半
    turtle.circle(50, 60)        # 绘制花瓣的另一半
    turtle.left(60)              # 左转 60°，准备绘制下一片花瓣

turtle.done()                    # 完成绘图
```

（7）使用turtle库绘制一个复杂的花朵图案，其包含8片花瓣，每片花瓣由两个半圆构成，花瓣颜色为粉色，中心为黄色，花瓣之间的角度要均匀，如图1-14所示。

【参考答案】在绘制花心之前，使用penup()和goto(0,-30)将画笔移动到合适的位置，以确保花心位于花瓣的中心。在绘制花瓣之前，确保画笔回到中心位置。具体实现代码如下。

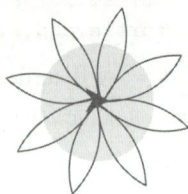

图1-14　复杂花朵图案
（彩插3）

```
# program1-42.py
import turtle

# 设置画笔颜色为黄色，绘制花心
turtle.penup()                   # 抬起画笔，准备绘制花瓣
turtle.goto(0,-30)               # 将画笔移动到花心的位置
turtle.pendown()                 # 放下画笔
turtle.color("yellow")
turtle.begin_fill()
turtle.circle(30)                # 绘制花心
turtle.end_fill()

# 设置花瓣颜色为粉色
turtle.color("pink")

# 绘制花瓣
turtle.penup()                   # 抬起画笔，准备绘制花瓣
turtle.goto(0,0)                 # 回到中心位置
turtle.pendown()                 # 放下画笔

for _ in range(8):
    turtle.circle(50,60)         # 绘制花瓣的一半
    turtle.left(120)             # 转向花瓣的另一半
    turtle.circle(50,60)         # 绘制花瓣的另一半
    turtle.left(120)             # 调整方向
    turtle.left(45)              # 为下一片花瓣调整角度

turtle.done()                    # 完成绘图
```

（8）使用turtle库绘制一个类似栅栏的图案，该图案包含多个正方形和三角形，如图1-15所示。每个正方形的边长为50像素，每个三角形的边长也为50像素。正方形为蓝色，三角形为绿色，交替绘制。

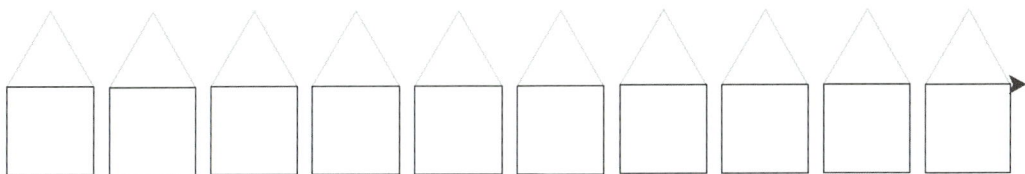

图1-15 图案示意（彩插4）

【参考答案】循环绘制蓝色正方形和绿色三角形。在各个图形之间使用penup( )和pendown( )方法来移动画笔，以避免绘制多余的线条。具体实现代码如下。

```python
# program1-43.py
import turtle

# 设置初始位置
turtle.penup()
turtle.goto(-100,0)
turtle.pendown()

# 绘制图案
for _ in range(10):
    # 绘制蓝色正方形
    turtle.color("blue")
    for _ in range(4):
        turtle.forward(50)
        turtle.right(90)

    # 绘制绿色三角形
    turtle.color("green")
    for _ in range(3):
        turtle.forward(50)
        turtle.left(120)

    # 移动到下一个图形的位置
    turtle.penup()
    turtle.forward(60)
    turtle.pendown()

turtle.done()          # 完成绘图
```

（9）使用turtle库绘制一个彩色的螺旋图案，其具有7种颜色（红色、橙色、黄色、绿色、蓝色、靛蓝和紫色）。螺旋的形状由不断增加的前进距离（共计360次循环）和固定的转动角度（59°）确定。绘制完成的图形如图1-16所示。

【参考答案】首先定义一个颜色列表，用于循环使用不同的颜色。然后设置绘图速度为最快，这样可以快速完成图案绘制。也可以尝试调整为其他值（如1 ~ 10），以观察绘图过程。接着循环绘制螺旋图形，循环360次，每次绘制一部分螺旋。每次前进的距离随循环次数i逐渐增大，以形成螺旋效果。每次右转59°，以确定螺旋的形状。也可以尝试更改此角度，以观察不同的效果。通过$i\%7$确保颜色在0 ~ 6循环，依次使用颜色列表中的颜色。

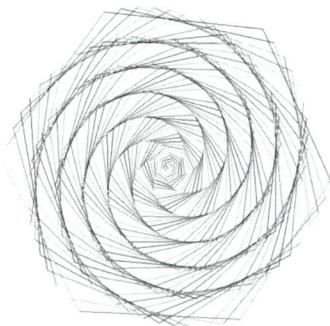

图1-16 彩色螺旋图形（彩插5）

```python
# program1-44.py
import turtle
```

```
# 定义颜色列表
colors = ["red","orange","yellow","green","blue","indigo","violet"]

# 绘制螺旋图案
turtle.speed(0)                         # 设置绘图速度为最快
for i in range(360):
    turtle.pencolor(colors[i%7])        # 循环使用颜色
    turtle.forward(i)                   # 前进 i 像素
    turtle.right(59)                    # 右转 59°

turtle.done()                           # 完成绘图
```

（10）使用turtle库绘制一个简单的笑脸，其包括一个圆形的脸和两个眼睛，以及一个微笑的嘴巴。脸的颜色为黄色，眼睛为黑色，嘴巴为红色。绘制完成的图形如图1-17所示。

【参考答案】使用penup( )和pendown( )方法在不同部位之间移动时保持画笔状态。通过设置不同的坐标来绘制眼睛和嘴巴，使整个笑脸显得生动。具体实现代码如下。

图 1-17　笑脸图形（彩插6）

```
# program1-45.py
import turtle

# 绘制脸
turtle.color("yellow")
turtle.begin_fill()
turtle.circle(100)        # 圆形脸
turtle.end_fill()

# 绘制左眼
turtle.penup()
turtle.goto(-35, 120)     # 将画笔移动到眼睛的位置
turtle.pendown()
turtle.color("black")
turtle.begin_fill()
turtle.circle(10)         # 左眼
turtle.end_fill()

# 绘制右眼
turtle.penup()
turtle.goto(35,120)       # 将画笔移动到右眼的位置
turtle.pendown()
turtle.begin_fill()
turtle.circle(10)         # 右眼
turtle.end_fill()

# 绘制微笑的嘴巴
turtle.penup()
turtle.goto(-40,80)       # 将画笔移动到嘴巴的位置
turtle.pendown()
turtle.setheading(-60)    # 设置方向
turtle.color("red")
turtle.circle(40, 120)    # 绘制嘴巴
```

```
turtle.done()                # 完成绘图
```

（11）使用turtle库绘制一个大方块，其由4个不同颜色的小方块组成。每个小方块的边长为50像素。绘制完成的图形如图1-18所示。

【参考答案】使用循环绘制4个不同颜色的小方块。每个小方块绘制完成后，使用forward(50)将画笔移动到下一个小方块的位置。具体实现代码如下。

图1-18　拼接方块（彩插7）

```
# program1-46.py
import turtle

# 定义颜色列表
colors = ["red","green","blue","yellow"]

# 绘制 4 个小方块
for color in colors:
    turtle.color(color)
    turtle.begin_fill()
    for _ in range(4):
        turtle.forward(50)
        turtle.right(90)
    turtle.end_fill()
    turtle.forward(50)    # 将画笔移动到下一个位置

turtle.done()                # 完成绘图
```

（12）使用turtle库绘制奥运五环图案，各个环的颜色分别为蓝色、黑色、红色、黄色和绿色。保持适当的间距，以确保各行的环之间不重叠。绘制完成的图案如图1-19所示。

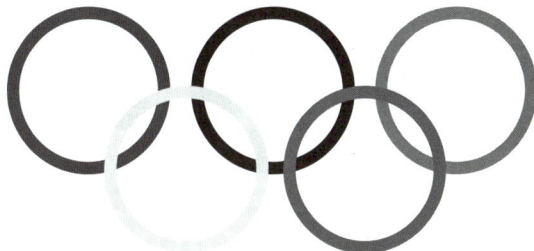

图1-19　奥运五环图案（彩插8）

【参考答案】设置画笔宽度为10，以确保每个环的线条清晰可见。使用不同的颜色依次绘制5个环。通过调整画笔的位置，确保每个环都位于正确的位置。具体实现代码如下。

```
# program1-47.py
import turtle
turtle.width(10)
turtle.color("blue")
turtle.circle(50)

turtle.color("black")
turtle.penup()
turtle.goto(120, 0)
turtle.pendown()
turtle.circle(50)
```

```
turtle.color("red")
turtle.penup()
turtle.goto(240,0)
turtle.pendown()
turtle.circle(50)

turtle.color("yellow")
turtle.penup()
turtle.goto(60,-50)
turtle.pendown()
turtle.circle(50)

turtle.color("green")
turtle.penup()
turtle.goto(180,-50)
turtle.pendown()
turtle.circle(50)

turtle.done()        # 完成绘图
```

（13）使用turtle库绘制一个8×8的棋盘，其包含黑白相间的方块。每个方块的边长为50像素。绘制完成的图形如图1-20所示。

图1-20　棋盘

【参考答案】通过双重循环绘制一个8×8的棋盘，使用黑白相间的方块。每个方块的颜色根据其位置计算，确保棋盘的视觉效果符合要求。使用penup( )和pendown( )方法在移动画笔时避免绘制不必要的线条，以保持棋盘的整洁。具体实现代码如下。

```
# program1-48.py
import turtle

# 设置棋盘的参数
board_size = 8                              # 棋盘的大小
square_size = 50                            # 方块的边长

# 设置画笔速度
turtle.speed(0)

# 绘制棋盘
for row in range(board_size):
```

```
    for col in range(board_size):
        # 计算方块的颜色
        if (row + col) % 2 == 0:
            turtle.color("white")                    # 白色方块
        else:
            turtle.color("black")                    # 黑色方块

        # 绘制方块
        turtle.begin_fill()
        for _ in range(4):
            turtle.forward(square_size)              # 前进方块边长
            turtle.right(90)                         # 右转 90°
        turtle.end_fill()

        # 将画笔移动到下一个方块的位置
        turtle.forward(square_size)                  # 向右移动

    # 将画笔移动到下一行
    turtle.penup()                                   # 抬起画笔
    turtle.goto(0, -((row + 1) * square_size))       # 将画笔移动到下一行的起始位置
    turtle.pendown()                                 # 放下画笔

turtle.done()                                        # 完成绘图
```

（14）使用turtle库绘制一个风车，风车的颜色为红色。绘制完成的图形如图1-21所示。

【参考答案】使用circle()函数绘制风车的弯曲部分，通过弯曲部分和直线部分的组合来构成风车图形。

```
# program1-49.py
import turtle

# 设置画笔属性
turtle.pensize(2)
turtle.hideturtle()
radius = 50

# 绘制红色风车
turtle.pencolor("red")
turtle.speed(0)              # 设置绘图速度为最快
for i in range(4):
    turtle.forward(2 * radius)
    turtle.right(90)
    turtle.circle(-radius,180)

turtle.done()                # 完成绘图
```

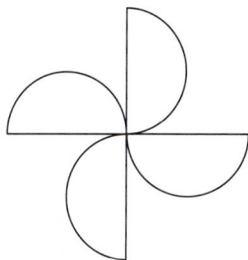

图 1-21　风车（彩插 9）

1.3.4　使用 Matplotlib 库绘制可视化图表

（1）使用Matplotlib库绘制包含两条折线的折线图，如图1-22所示。

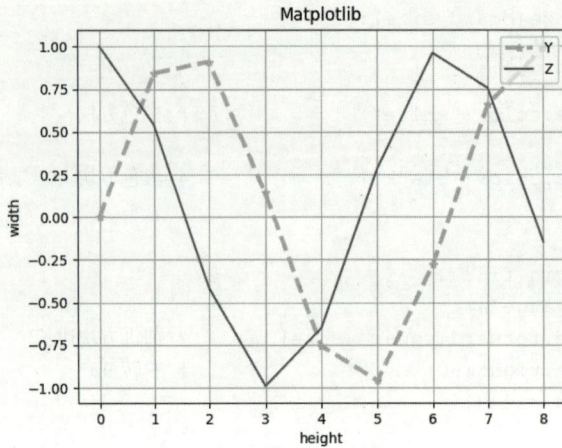

图 1-22　折线图（彩插 10）

【参考答案】

```
# program1-50.py
import matplotlib.pyplot as plt
import numpy as np

x = np.arange(9)
y = np.sin(x)
z = np.cos(x)
# marker 表示数据点样式，linewidth 表示线宽，linestyle 表示线型样式，color 表示颜色
plt.plot(x, y, marker="*", linewidth=3, linestyle="--", color="orange")
plt.plot(x, z)
plt.title("Matplotlib")
plt.xlabel("height")
plt.ylabel("width")
# 设置图例
plt.legend(["Y","Z"], loc="upper right")
plt.grid(True)
plt.show()
```

（2）使用 Matplotlib 库绘制饼状图，如图 1-23 所示。

【参考答案】

```
# program1-51.py
import matplotlib.pyplot as plt
plt.rcParams['font.sans-serif']=['SimHei'] #
用来正常显示中文标签

labels = ['娱乐','育儿','饮食','房贷','交通','
其他']
sizes = [2,5,12,70,2,9]
explode = (0,0,0,0.1,0,0)
plt.pie(sizes,explode=explode,labels=labels,
autopct='%1.1f%%',shadow=False,startangle=150)
plt.title(" 家庭支出 ")
plt.show()
```

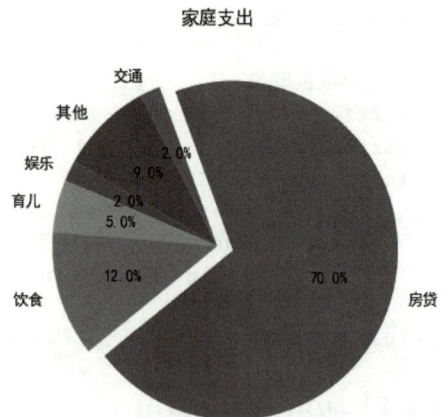

图 1-23　饼状图（彩插 11）

（3）假设有两个列表 a 和 b，它们分别记录了电影名称及其票房收入，请根据 a 和 b 的数据，使用 Matplotlib 绘制条形图，如图 1-24 所示。

a = ["流浪地球","复仇者联盟4:终局之战","哪吒之魔童降世","疯狂的外星人","飞驰人生",

"蜘蛛侠:英雄远征","扫毒2天地对决","烈火英雄","大黄蜂","惊奇队长","比悲伤更悲伤的故事",
"哥斯拉2:怪兽之王","阿丽塔:战斗天使","银河补习班","狮子王","反贪风暴4","熊出没","大侦探
皮卡丘","新喜剧之王","使徒行者2:谍影行动","千与千寻"]。

　　b =[56.01,26.94,17.53,16.49,15.45,12.96,11.8,11.61,11.28,11.12,10.49,10.3,8.75,7.55,7.32,6.99,6.88,
6.86,6.58,6.23,5.22]。

　　（注：读者可以到本书资源平台下载列表a和b的电子文件。）

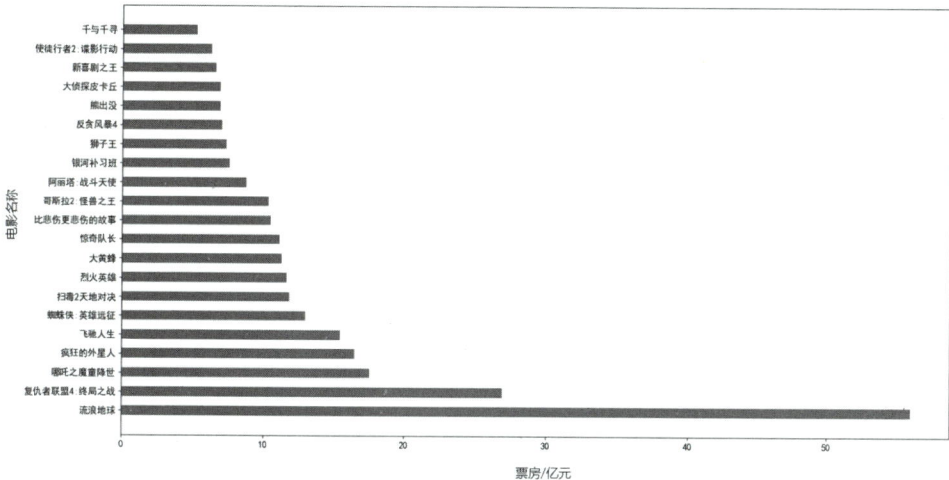

图1-24　　条形图

【参考答案】

```
# program1-52.py
from matplotlib import pyplot as plt
import matplotlib

font = {
    'family':'SimHei',
    'weight':'bold',
    'size':12
}
matplotlib.rc("font", **font)
a = [" 流浪地球 "," 复仇者联盟 4: 终局之战 "," 哪吒之魔童降世 "," 疯狂的外星人 "," 飞驰人生 "," 蜘
蛛侠：英雄远征 "," 扫毒 2 天地对决 "," 烈火英雄 "," 大黄蜂 "," 惊奇队长 "," 比悲伤更悲伤的故事 "," 哥
斯拉 2: 怪兽之王 "," 阿丽塔：战斗天使 "," 银河补习班 "," 狮子王 "," 反贪风暴 4"," 熊出没 "," 大侦探皮
卡丘 "," 新喜剧之王 "," 使徒行者 2: 谍影行动 "," 千与千寻 "]
b =[56.01,26.94,17.53,16.49,15.45,12.96,11.8,11.61,11.28,11.12,10.49,10.3,8.75,7.55,
7.32,6.99,6.88,6.86,6.58,6.23,5.22]
plt.figure(figsize=(14,8))
x_t = range(len(a))
plt.yticks(x_t,a)
# plt.bar(a,b)
plt.barh(a,b,height=0.5)
plt.show()
```

　　（4）厦门大学包括3个校区和一个分校，其中思明校区占地2600多亩，漳州校区占地2500多
亩，翔安校区占地3600多亩，马来西亚分校占地约900亩。请根据各个校区（分校）的占地面积绘
制饼状图。

【参考答案】

```
# program1-53.py
import matplotlib.pyplot as plt

# 校区（分校）名称
labels = ['思明校区','漳州校区','翔安校区','马来西亚分校']
sizes = [2600, 2500, 3600, 900]                           # 占地面积数据
plt.pie(sizes, labels=labels, autopct='%1.1f%%')          # 绘制饼状图
plt.title('厦门大学各校区（分校）占地面积')                # 添加标题
plt.show()                                                # 显示图像，如图 1-25 所示
```

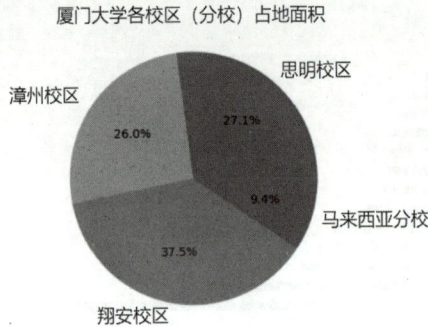

图1-25　厦门大学各校区（分校）占地面积饼状图（彩插12）

（5）根据厦门大学各校区（分校）占地面积绘制柱状图。

【参考答案】

```
# program1-54.py
import matplotlib.pyplot as plt

# 校区（分校）名称
labels = ['思明校区','漳州校区','翔安校区','马来西亚分校']
sizes = [2600, 2500, 3600, 900]                           # 占地面积数据
fig = plt.bar(labels, sizes)                              # 绘制柱状图
plt.bar_label(fig, labels=sizes)                          # 添加数据标签
plt.title('厦门大学各校区（分校）占地面积')                # 添加标题
plt.xlabel('校区（分校）')                                # 添加 x 轴标签
plt.ylabel('占地面积 / 亩')                               # 添加 y 轴标签
plt.show()                                                # 显示图像，如图 1-26 所示
```

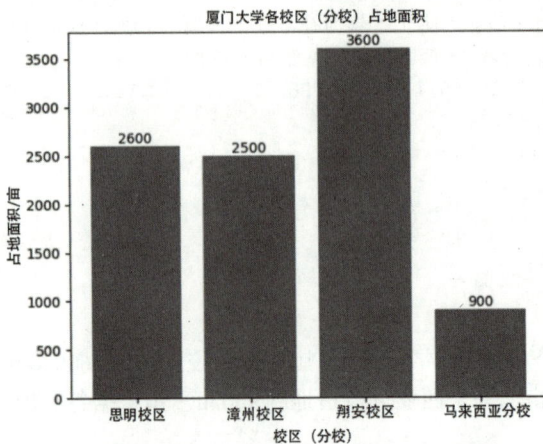

图1-26　厦门大学各校区（分校）占地面积柱状图

（6）请根据厦门大学英文官网 Overview 的第一段内容绘制词云图。

【参考答案】

```
# program1-55.py
from wordcloud import WordCloud, STOPWORDS
import matplotlib.pyplot as plt

# 待绘制的词云文本
text="""Xiamen University(XMU),established in 1921 by renowned patriotic overseas
Chinese
    leader Mr. Tan Kah Kee, is the first university founded by an overseas Chinese
in the history
    of modern Chinese education. XMU has long been listed among China's leading
universities on
    the national 211 Project, 985 Project and Double First-Class Initiative, which
have been
    launched by the Chinese government to support selected universities in achieving
world-class
    standing.
"""
# 生成词云图
wordcloud = WordCloud(width=500, height=500,
                      margin=1, background_color=›white›,
                      min_font_size=10, max_font_size=100,
                      stopwords=STOPWORDS, random_state=20).generate(text)
plt.imshow(wordcloud)                          # 显示词云图
plt.axis("off")                                # 不显示坐标轴
plt.title('Xiamen University Overview')        # 设置词云图标题
plt.show()                                     # 显示词云图, 如图 1-27 所示
```

图 1-27　词云图

第 2 章
网页数据爬取实践

网络爬虫是获取网页数据的高效途径，被广泛应用于各领域，以收集信息用于进一步的深度分析与决策制定。本章将以八爪鱼采集器为工具，通过两个综合的网页数据爬取实践任务，帮助读者掌握从静态网页数据爬取到动态网页数据爬取、多级页面数据爬取的相关技术，以灵活应对各种数据采集挑战。

2.1 实验目的

（1）掌握静态网页数据爬取技术。
（2）掌握动态网页数据爬取技术。
（3）掌握单页、多页、滚动页数据爬取技术。
（4）掌握多级页面数据爬取技术。

2.2 实验环境

（1）操作系统：Windows 7及以上。
（2）浏览器：Edge、360、FireFox、Chrome等各种浏览器。
（3）数据采集软件：八爪鱼采集器。

2.3 实验内容

2.3.1 实验准备

1. 八爪鱼采集器简介

八爪鱼采集器是一款国产数据采集软件。使用八爪鱼采集器，用户无须编程，通过单击、拖曳就可以获取互联网上的公开数据。八爪鱼采集器通过模拟人的思维和动作模式去访问网页，实现采集过程自动化，快速对网页数据进行收集整合。八爪鱼采集器爬取数据的执行逻辑是从上到下，再从里到外。例如，打开A页面，先单击列表上第一个链接，进入B1页面后，查看内容，下载必要的文件，再回到A页面；接着单击列表上第二个链接，进入B2页面，如此循环往复，直至完成采集任务。

2. 任务描述

本实验内容包括下载并安装八爪鱼采集器，完成八爪鱼采集器账号注册与登录，以为后续实验做准备。

3. 实验步骤

步骤1：下载八爪鱼采集器安装软件。从八爪鱼采集器官网的下载页面下载客户端软件（这里以Windows版本为例），下载得到名为Octopus Setup 8.7.2.exe的安装文件（8.7.2表示版本号，本实验所用版本应不低于8.7.2）。

步骤2：安装八爪鱼采集器软件。双击Octopus Setup 8.7.2.exe程序，进入安装界面，安装过程简单快捷，这里不赘述。安装完毕后，双击计算机桌面上的"八爪鱼采集器"图标，打开图2-1所示的八爪鱼采集器登录页面。

步骤3：注册八爪鱼账号并登录。使用八爪鱼之前，必须先注册账号。在登录页面的"登录"按钮左下方单击"注册账号"链接，打开账号注册页面（见图2-2），通过手机号和验证码注册新用户，进入八爪鱼采集器账号首页（见图2-3）。

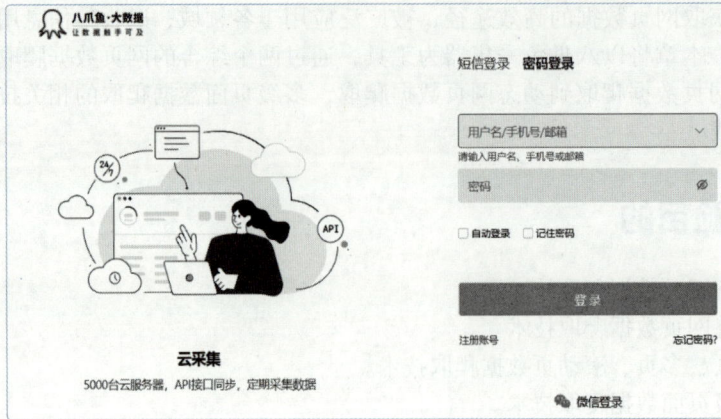

图2-1　八爪鱼采集器登录页面

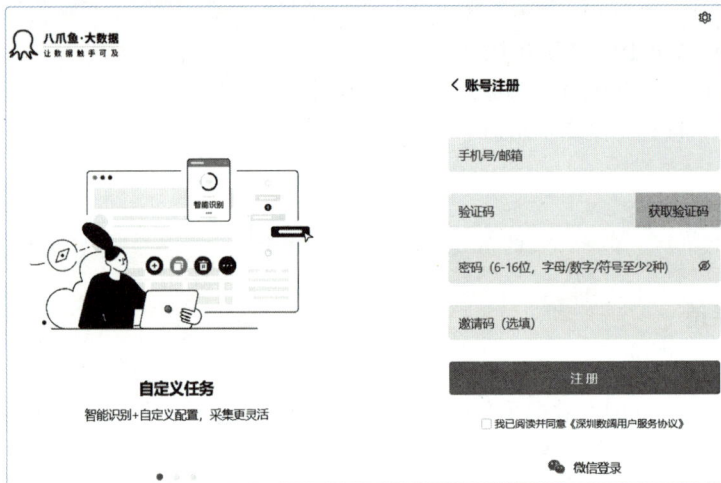

图2-2　八爪鱼采集器账号注册页面

图2-3　八爪鱼采集器账号首页

通过以上步骤，我们完成了关于软件工具的准备工作。接下来的实验内容都基于该软件的免费版进行。目前免费版的权限包括模板采集、规定次数的采集、自动识别采集和手动导出数据功能，但不包括对文件的下载功能。

2.3.2　静态网页的单页、多级页面和多页数据爬取

1. 任务描述

猫眼电影Top100榜网页包含100部电影的相关信息，属于静态网页。请爬取电影的相关信息列表（第一级页面）和电影的详细信息（第二级页面），实现多级页面的爬取，并爬取多页数据。

2. 实验步骤

步骤1：确定被采集数据与采集流程。

八爪鱼采集器的采集过程模拟的是人类在浏览器上的访问过程，在采集前，用户需要了解被采集数据项与被采集网页。在浏览器上打开猫眼电影Top100榜网页（下文称该网页为"电影列表页"），如图2-4所示，网页上展示了排名从高到低的10部电影，每部电影包含排行、海报图片、电影名称、主演、上映时间、评分等信息。除了海报是图片格式，其他均为文本格式。通过页面底部的分页按钮，可以查看其他9页类似页面。海报图片和电影名称包含链接，我们可以通过单击链接来打开下一级页面（下文称该网页为"电影详情页"），每个页面介绍一部电影的具体信息（包含剧情介绍），如图2-5所示。

图2-4　电影列表页

图2-5　电影详情页

本次采集数据项包括各部电影在电影列表页的排行、海报图片链接地址、电影名称、主演、上映时间、评分信息，以及电影详情页的剧情介绍信息。采集这些数据的流程如下。

① 打开电影列表页，采集第一部电影的数据。

② 通过单击电影名称链接，进入电影详情页，进一步采集剧情介绍信息。

③ 回到电影列表页，采集下一部电影的数据，即循环①②步骤，直到10部电影的数据采集完毕。

步骤2：输入目标采集网址，了解采集任务页面各区功能。

在八爪鱼采集器账号首页的地址栏（图2-3中标注①的位置）中输入目标采集网址（猫眼电影Top100榜网页的网址），单击"开始采集"，打开图2-6所示页面，进行采集配置。该页面包括5个功能区（分别见图2-6中各标注）。

- ①区是主菜单栏，右侧有针对该采集任务的"设置""保存"和"采集"按钮。
- ②区显示了浏览器打开的被采集网页，我们在该网页的操作将引起3区、4区、5区的联动反应。
- ③区是数据预览区，它的左区域按页面和采集步骤分级展示字段，可以通过单击切换，右区域以表格的方式展示字段名和数据，以及对字段的各种操作功能。
- ④区以流程图的形式展示采集操作，每个矩形框表示一个采集步骤，我们可以在其下方设置区对选中的步骤做详细设置，也可以根据采集的需要在流程图上添加、删除步骤（当前流程图上展示已完成的第一个步骤是"打开网页"）。
- ⑤区是操作提示区，它根据当前我们在浏览器上的操作来提供进一步的提示，我们可以从该区选取进一步的操作。

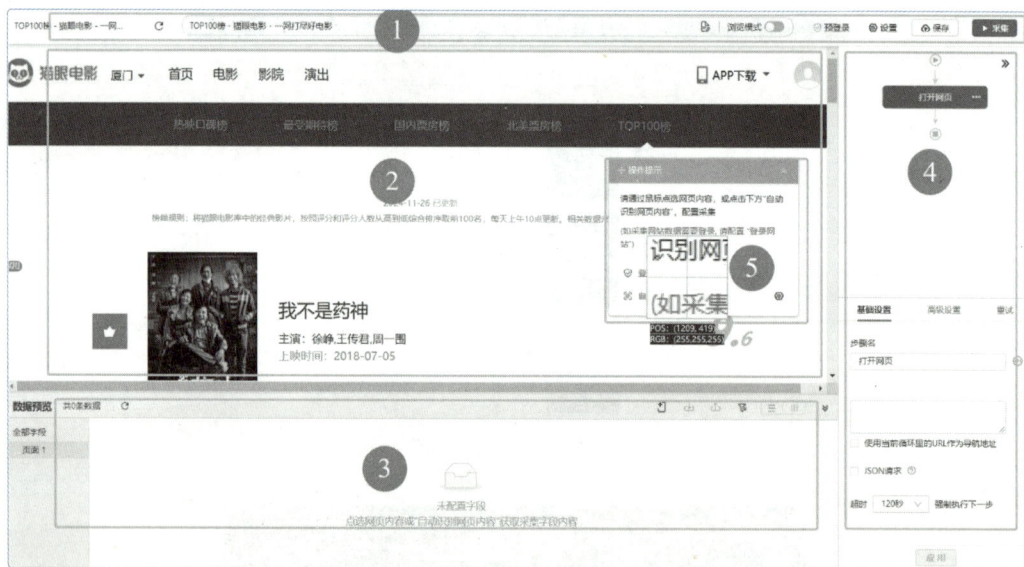

图2-6　采集任务配置页面

步骤3：循环提取列表数据。

在预览页面，如图2-7所示，单击第一部电影数据（包含排行、海报图片、电影名称、主演、上映时间、评分6项数据）区域的左上方，全选该区域（实线框部分表示被选中，见图2-7中标注①），按"Shift"键，用同样的方法选中第二部电影数据（见图2-7中标注②），单击此时操作提示框中"提取数据"下方的"文本内容"（见图2-7中标注③）。

观察此时的数据预览区，电影列表页下的"提取列表数据"包含1个名为"字段1"的字段（包含每部电影的汇总数据）的10条记录，但这样的字段格式不是目标格式，仅仅用于生成循环列表。在表格上方"字段1"上右击，在弹出的快捷菜单中单击"删除"，删除"字段1"。

观察此时的流程图区，可看到增加了"循环列表"步骤，该步骤包含"提取列表数据"子步骤（见图2-8），可用于实现对10部电影的循环数据提取。

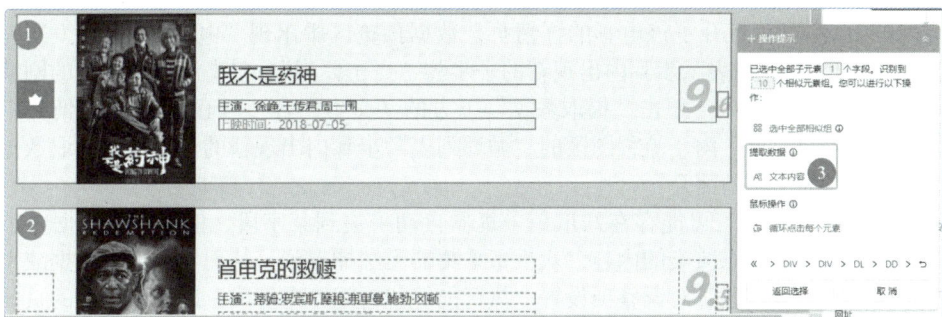

图2-7　选中两部电影数据并提取数据

图2-8　流程图区

步骤4：循环提取具体字段数据。

依次单击预览页面中第一部电影的具体字段并在操作提示区完成点选：单击页面中的"排名"并在操作提示区中选择"提取数据"下方的"文本内容"，单击"海报"并选择"提取数据"下方的"图片链接"，单击"电影名称"并选择"提取数据"下方的"文本内容"，单击"主演"并选择"提取数据"下方的"文本内容"，单击"上映时间"并选择"提取数据"下方的"文本内容"。需要注意的是，页面中"评分"被分成了"整数"和"小数"两个字段，我们需要分别单击并选择"提取数据"下方的"文本内容"。至此，7个字段的内容被选取并展示在了数据预览区。为了提高数据可读性，我们需要给各个字段重命名。双击字段名，输入新的字段名，更新后数据预览区如图2-9所示。至此，我们完成了对电影列表页相关数据的采集设置。

图2-9　字段名更新后的数据预览区

步骤5：提取电影详情页的指定数据。

单击第一部电影的电影名称；在出现的操作提示区中选择"鼠标操作"下方的"点击该链接"，可看到网页预览区打开了该电影的详情页，数据预览区中出现"电影详情页"（当前字段为空），流程图区的"循环列表"步骤内出现新的子步骤"点击元素"。单击网页预览区的剧情简介部分，在出现的操作提示区中，单击"提取数据"下方的"文本内容"，则该电影的剧情介绍出现在数据预览区"电影详情页"内（流程图区的"循环列表"步骤内出现新的子步骤"提取数据"），我们可将该字段改名为"剧情简介"。

受网络或数据的影响，可能存在八爪鱼采集器自动采集到某字段，但该字段数据并未完整被渲染到网页的情况，对于未渲染的内容，八爪鱼采集器无法捕捉到，从而导致部分数据缺失。为了解决这个问题，我们可以通过对调整项设置"执行前等待时间"来解决，以腾出充足的页面渲染时间。这里，我们在"提取数据"这个子步骤的"高级设置"中，为"执行前等待"设置一定的时间长度，并单击"应用"按钮完成设置。当前任务页面如图2-10所示。

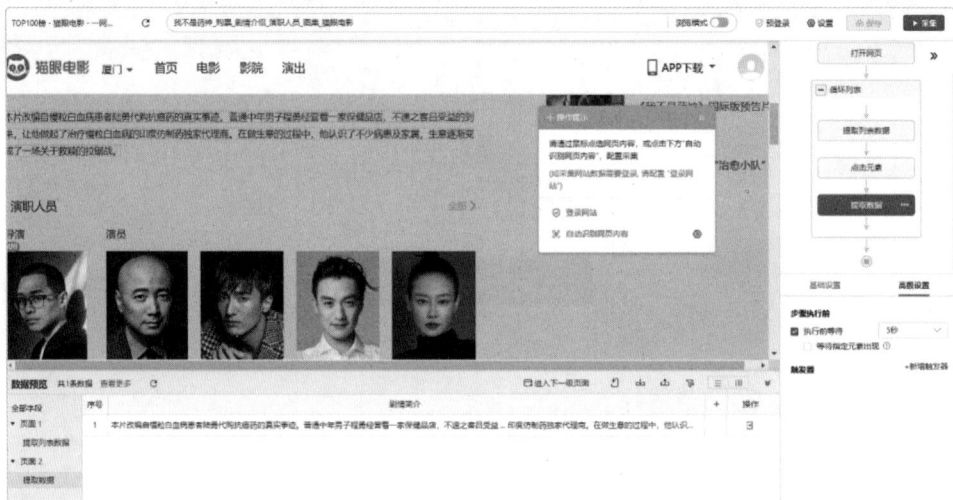

图2-10　电影详情页采集设置完成页面

步骤6：数据采集和导出。

单击页面上方工具栏右侧的"采集"按钮，在对话框中选择"本地模式"的"普通模式"开始采集任务，根据采集任务和网络状况，采集时间可能不同。采集完成后，将出现图2-11所示的采集完成提示对话框，单击"导出数据"按钮，在打开的界面中将"导出文件类型"选为"Excel"，完成导出数据操作。

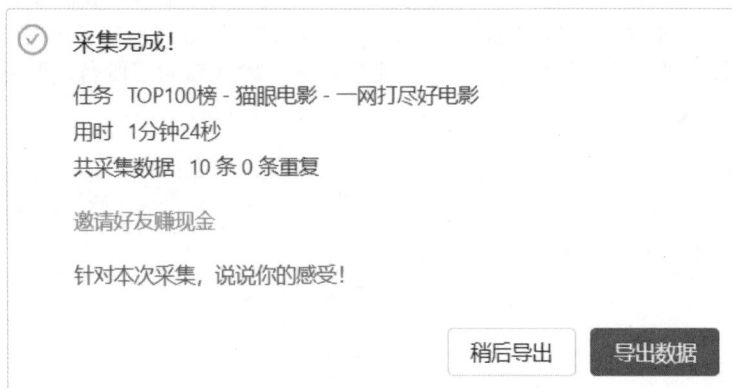

图2-11　10条电影数据采集完成示意图

步骤7：循环翻页，采集前8页数据。

通过前面的步骤，我们完成了第1页10部电影数据的采集，在此基础上，我们循环采集前8页数据。回到任务页上，如图2-12所示，选中流程图区"循环列表"步骤（见图2-12中标注①），在网页预览区选中"下一页"按钮（见图2-12中标注②），在出现的消息提示区选择"循环点击下一页"（见图2-12中标注③）。

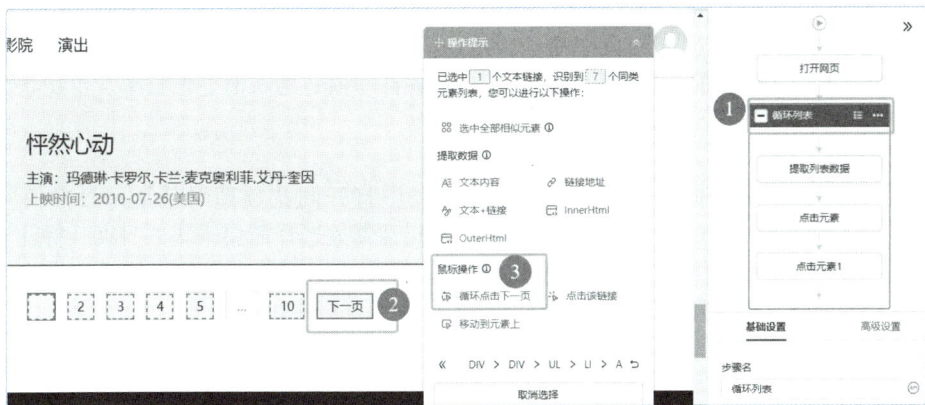

图2-12　循环翻页设置操作示意

上述操作使流程图区"循环列表"下方新增了"点击翻页"步骤，它们都属于新增的"循环翻页"步骤的子步骤（见图2-13）。

本次循环仅采集前8页（而不是全部页面），需要设置循环翻页次数。选中流程图区的"循环翻页"步骤，在其"基础设置"中的"循环执行次数等于"文本框中输入"8"（如果采集所有页面，则此处不用设置，即默认为0），并单击"应用"按钮完成设置。采集设置完成，按步骤6操作，采集8页数据并保存为Excel文件，完成实验。

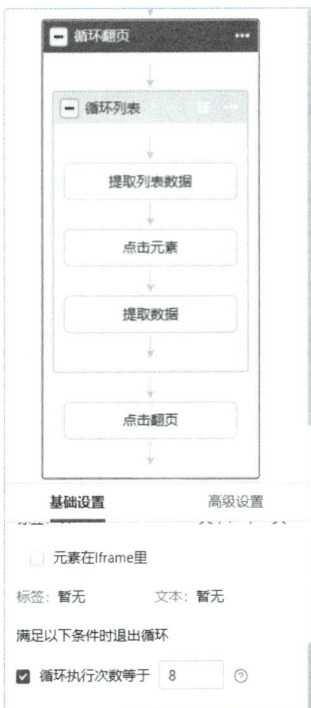

图2-13　循环翻页流程与设置示意

通过以上7个步骤，我们分别完成了对10部电影和8页共80部电影的二级数据的爬取。这个实验可帮助读者掌握应用八爪鱼采集器对静态网页数据进行爬取的方法，通过简单的单击、选取操作，零代码即可完成复杂的爬取过程。

2.3.3　动态网页滚动页面表格数据爬取

1．任务描述

访问"同花顺"网站，爬取网页中的基金信息，包括基金代码、基金名称、基金网址、当天单位净值、当天累计净值、前一天单位净值、前一天累计净值、增长值、增长率、申购状态、赎回状态等。

2．实验步骤

步骤1：确定被采集数据与采集流程。在浏览器中打开同花顺理财基金每日净值网页，如图2-14所示，从标注①处可知可采集的基金数量；在标注②处选择需要采集的日期；标注③处的表格区，每行存放了一条基金信息，包括基金代码、基金名称等，采集的数据就来源于该表格。该表格初次渲染80条数据，当向下滚动页面时，将以每次80条的频率加载新数据。

图2-14　基金每日净值网页

步骤2：输入采集目标网址，设置采集的基金净值日期。在八爪鱼采集器首页的地址栏中输入同花顺理财基金每日净值网页的网址，并单击"开始采集"按钮，打开新的任务页，启动采集任务。在任务页的数据预览区中，单击图2-15所示标注①区域，在打开的操作提示区中，在标注②区域输入需要采集基金数据的日期，单击标注③处"确定"按钮，完成"输入文本"步骤。

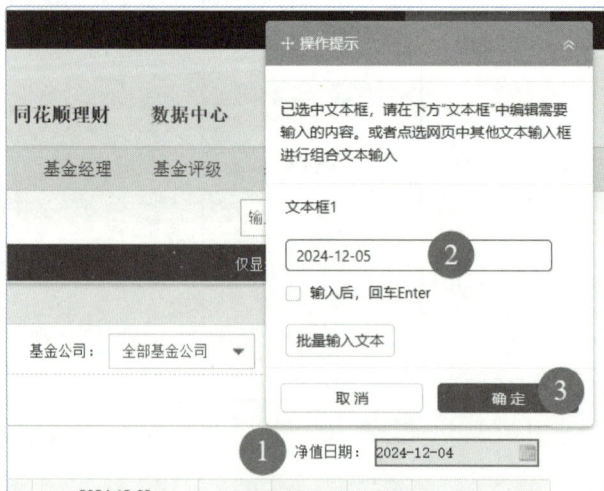

图2-15　输入需要采集基金数据的日期

步骤3：选中一行数据，再选中本页所有行、所有字段的数据。单击表格第一行第一列位置，出现操作提示区，在"TABLE>TBODY>TR>TD"中选择TR（在HTML中，TABLE表示表格，TBODY表示表格主体，TR表示行，TD表示行中的列），则第一行被选中。在新出现的操作提示区中，选择"选中全部子元素"，则该行每列都作为一个子元素被选中。进一步，软件识别到该页有80个相似元素组。在新出现的操作提示区中，选择"选中全部相似组"，再选择提取"元素中数据元素"。这样，作为特殊列表数据的表格数据的单页提取设置基本完成，其流程图如图2-16所示。在数据预览区中可对软件自动识别出的19个字段进行预览。

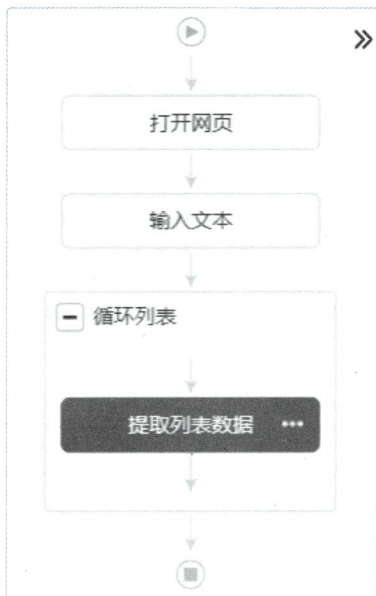

图2-16　提取第一页表格数据流程图

步骤4：整理字段并对保留下来的采集字段重命名。本次任务仅需要采集序号、基金代码、基金名称、基金网址、当天单位净值、当天累计净值、前一天单位净值、前一天累计净值、增长值、增长率、申购状态、赎回状态等12个字段的值。由于字段众多，在数据预览区的工具栏部分，选择"纵向字段布局"以便操作。删除冗余字段，并双击字段名完成字段重命名，结果如图2-17所示。

	字段名	字段内容		字段设置		更多操作
	序号	1	从网页提取数据	相对XPath	/TD[2]	
	基金代码	005585	从网页提取数据	相对XPath	/TD[3]/A[1]	
	基金名称	银河文体娱乐混合A	从网页提取数据	相对XPath	/TD[4]/A[1]	
	基金网址	https:// ****.10jqka.com.cn/005585/	从网页提取数据	相对XPath	/TD[4]/A[1]	
	单位净值20241205	1.0873	从网页提取数据	相对XPath	/TD[6]	
	累计净值20241205	1.0873	从网页提取数据	相对XPath	/TD[7]	
	单位净值20241204	1.0198	从网页提取数据	相对XPath	/TD[8]	
	累计净值20241204	1.0198	从网页提取数据	相对XPath	/TD[9]	
	增长值	0.0675	从网页提取数据	相对XPath	/TD[10]/SPAN[1]	
	增长率	6.62%	从网页提取数据	相对XPath	/TD[11]/SPAN[1]/STRONG[1]	
	申购状态	开放	从网页提取数据	相对XPath	/TD[12]	
	赎回状态	开放	从网页提取数据	相对XPath	/TD[13]	

图2-17　采集字段整理

步骤5：添加"循环滚动页面"步骤。前面实现了对单页数据的采集，我们需要在此基础上循环滚动页面收集数据。将鼠标移动并停留在流程图（见图2-16）"输入文本"和"循环列表"步骤中间的箭头上，会出现"添加流程"的蓝色加号标志，单击该加号，在弹出的菜单中选择"循环"，则流程图上"输入文本"和"循环列表"步骤中间新增加了一个默认名为"循环"的步骤。在其

"基础设置"中把该步骤改名为"循环滚动页面"并单击"应用"按钮确认操作（见图2-18中的标注①），把"循环列表"步骤拉到"循环"步骤框内，作为其子步骤（见图2-18中的标注②）。

步骤6：设置"循环滚动页面"步骤。选中"循环滚动页面"步骤，在其"基础设置"中，选择"循环方式"为"滚动网页"（见图2-18中的标注③），选择"滚动方式"为"滚动到底部"（见图2-18中的标注④），并单击"应用"按钮确认设置。至此，整个采集流程已全部设置完成。

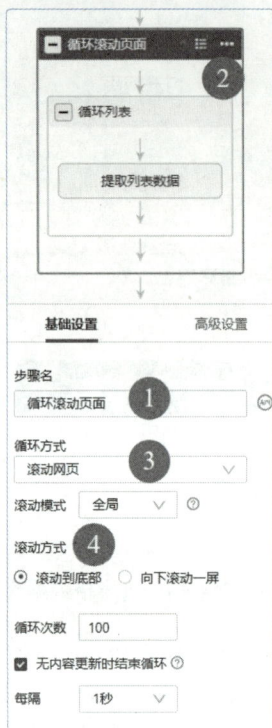

图2-18 设置"循环滚动页面"步骤

步骤7：任务采集步骤。参考2.3.2小节中步骤6的方式，完成数据采集并导出Excel文件。由于数据量较大，需要较长的采集时间，采集过程中可根据需要，单击"停止"按钮中断采集过程。

通过以上7个实验步骤，我们完成了对以表格形式存放的、通过滚动页面动态渲染数据的采集，掌握了构建嵌套循环流程的方法。

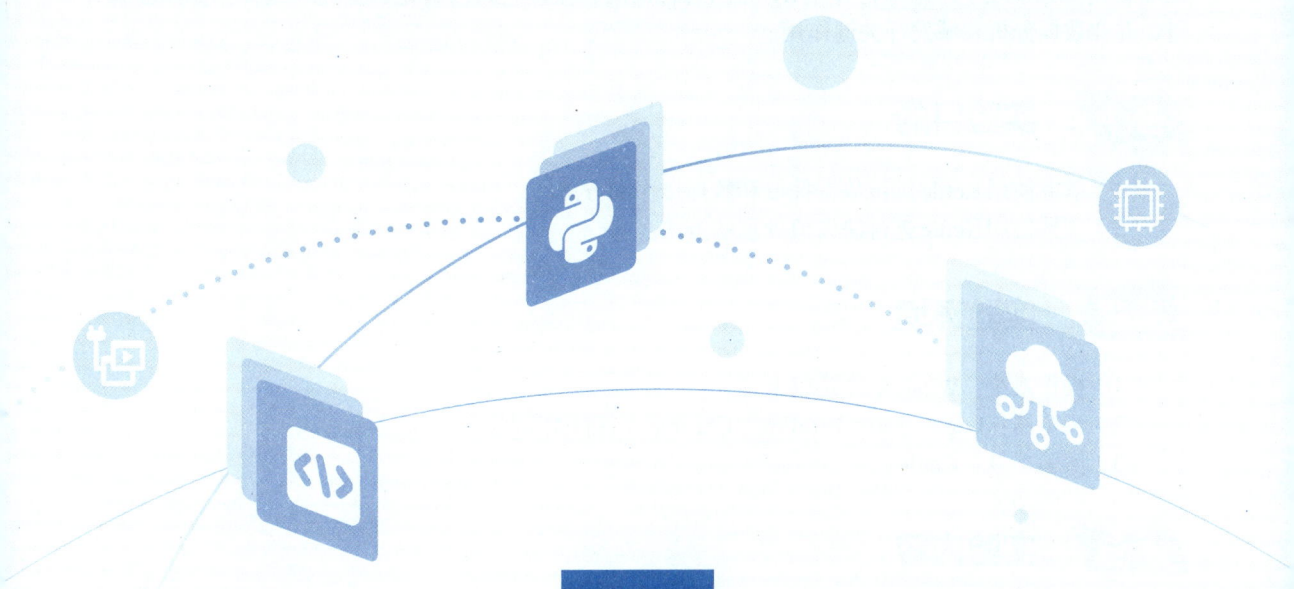

第 **3** 章

使用Kettle工具对数据进行处理

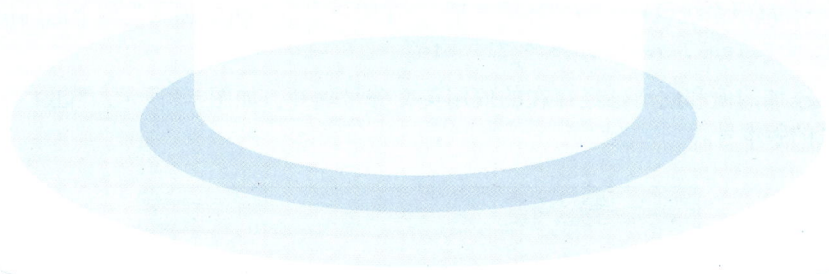

在当今这个数据驱动的时代，掌握数据的处理和分析技能变得至关重要。Kettle作为一款强大的开源抽取-转换-加载（extract-transform-load，ETL）工具，为我们提供了一个灵活、高效的数据处理平台。它不仅能够帮助我们从各种数据源中提取信息，还能进行复杂的数据转换，并最终将数据加载到目标系统中。本章将介绍Kettle的各种用法，探索它如何简化数据处理流程，提升数据质量，并在数据分析领域发挥关键作用。

3.1 实验目的

（1）掌握使用Kettle进行数据抽取和数据排序的方法。
（2）掌握使用Kettle进行缺失值处理的方法。

3.2 实验环境

（1）操作系统：Windows 7及以上。
（2）浏览器：Edge、360、FireFox、Chrome等各种浏览器。
（3）实验工具：Kettle。

3.3 实验内容

3.3.1 安装JDK

Java是一门面向对象的编程语言，具有简洁、面向对象、分布式、健壮性、安全性、平台独立与可移植性、多线程、动态性等特点。Java开发工具包（Java development kit，JDK）是整个Java的核心，其包括Java运行环境（Java runtime environment）、Java工具和Java基础类库等。要想开发Java程序，就必须安装JDK，因为JDK包含各种Java工具。要想在计算机上运行使用Java语言开发的应用程序，也必须安装JDK，因为JDK包含Java运行环境。因为Kettle软件的运行需要依赖Java运行环境，所以我们需要在计算机上安装JDK。

访问Oracle官网，下载JDK安装包并完成安装。安装完成后需要设置Path环境变量，右击"我的电脑"→"高级系统设置"→"环境变量"，在用户变量Path中加入类似下面的信息。

```
C:\Program Files\Java\jdk1.8.0_111\bin
```

将这个新添加的值和此前已经存在的值用英文分号隔开，如图3-1所示。"jdk1.8.0_111"是刚才安装的JDK的版本号。

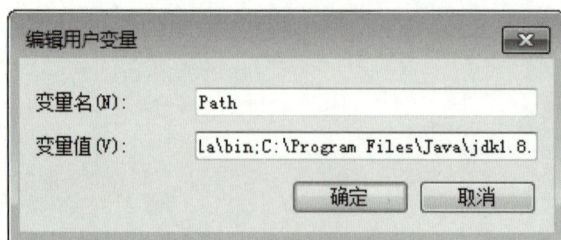

图3-1 编辑用户变量

再新建一个环境变量JAVA_HOME，把它的值设置为以下内容（见图3-2）。

```
C:\Program Files\Java\jdk1.8.0_111
```

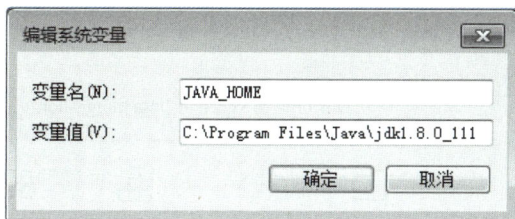

图 3-2　编辑系统变量

打开 cmd 命令界面，输入"java-version"命令测试 JDK 是否安装成功，如果安装成功，则会返回图 3-3 所示信息。

图 3-3　"java –version"命令执行结果

3.3.2　安装 Kettle

从本书资源平台下载安装文件 pdi-ce-9.4.0.0-343.zip，并解压到本地计算机某个目录下（比如解压到"D:\"目录下），可看到生成了一个"data-integration"目录，双击该目录下的 spoon.bat 文件就可以启动 Spoon，启动界面如图 3-4 所示。

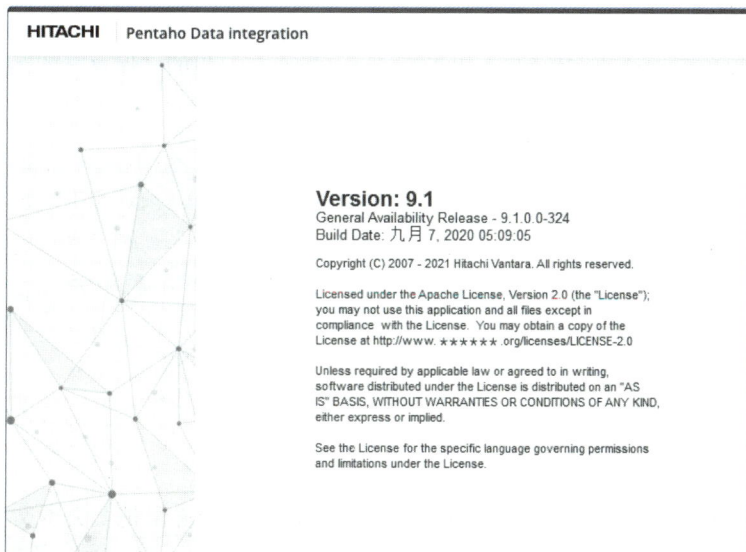

图 3-4　Spoon 启动界面

Spoon 启动后的欢迎界面如图 3-5 所示。

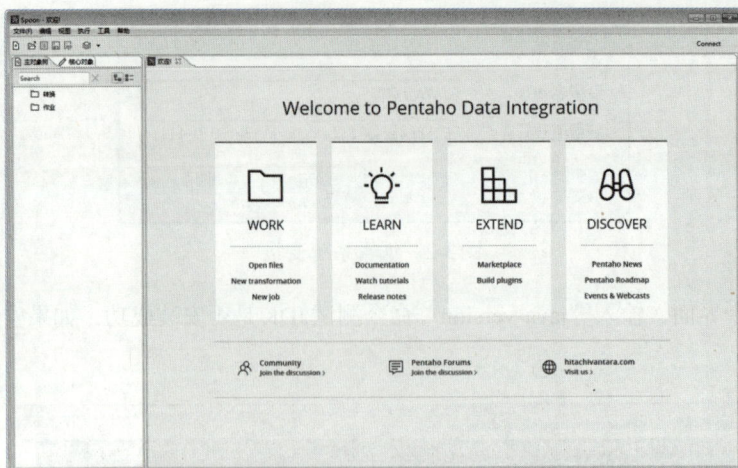

图3-5　Spoon启动后的欢迎界面

3.3.3 数据抽取

1. 任务描述

使用Kettle工具，把本地的文本文件数据导入Excel文件中。

2. 实验步骤

这里给出一个实例，演示如何使用Kettle工具把文本文件导入Excel文件中，具体包括以下步骤：创建文本文件、建立转换、设计转换、执行转换。

步骤1：创建文本文件。在"D:\"目录下新建一个文本文件studentinfo.txt，其内容如图3-6所示，其中第1行是字段名称，包括sno、name、sex和age，字段之间用"|"隔开；其余行都是记录，字段值之间也用"|"隔开。

步骤2：建立转换。在Spoon主界面的"主对象树"选项卡中，在"转换"上面（见图3-7）右击，在弹出的快捷菜单中选择"新建"。单击Spoon主界面左上角的"保存"图标，把这个转换保存到某个路径下并且命名为"text_to_excel"。

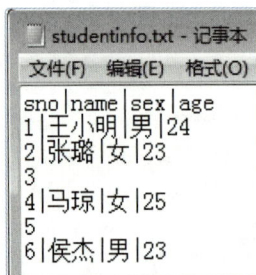

图3-6　studentinfo.txt文件内容

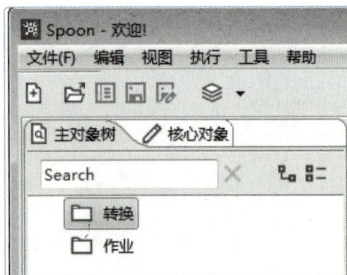

图3-7　右击"转换"

步骤3：设计转换。在"核心对象"选项中，在"输入"控件里把"文本文件输入"拖到右侧设计区域，再在"输出"控件里把"Excel输出"拖到右侧设计区域，接着为这两个控件建立连线（见图3-8），这里的连线就是前文介绍过的"跳"。为这两个控件建立连线的具体方法是，按住"Shift"键，单击"文本文件输入"控件图标，再单击"Excel输出"控件图标，接着在空白区域单击，这样就建立了一条从"文本文件输入"控件到"Excel输出"控件的连线。

双击设计区域的"文本文件输入"控件，打开设置界面，单击"文件"选项卡，再单击"文件或目录"右侧的"浏览"按钮（见图3-9），把studentinfo.txt文件添加进来。接着单击"增加"

按钮，studentinfo.txt 文件就会被添加到"选中的文件"中，如图 3-10 所示。

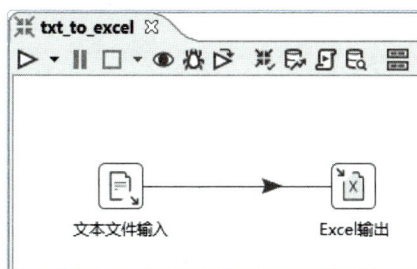

图 3-8　放置"文本文件输入"和"Excel 输出"两个控件

图 3-9　添加文件

图 3-10　添加文件后的显示结果

在"内容"选项卡中，把"分隔符"设置为"|"，编码方式设置为"GB2312"，如图 3-11 所示。

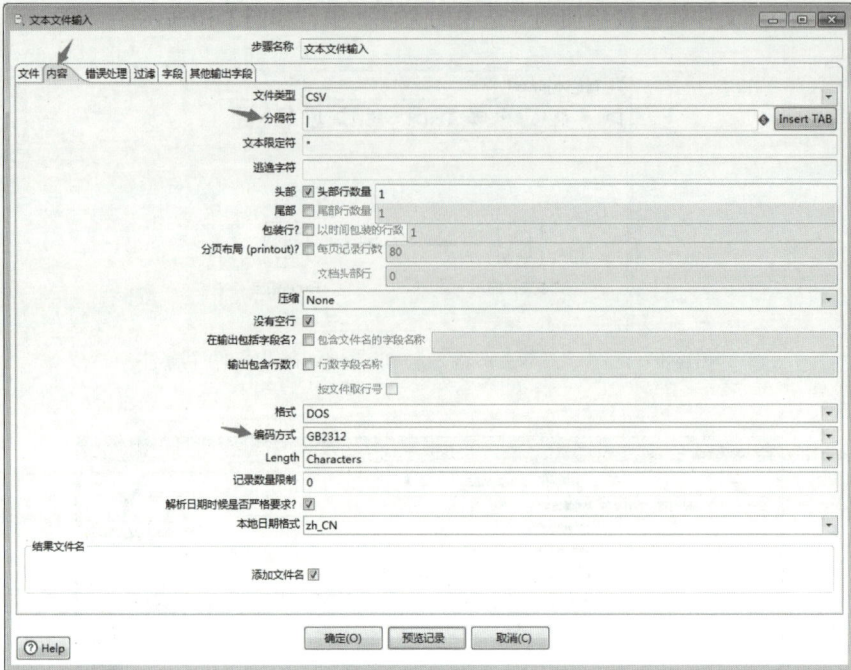

图3-11 设置"内容"选项卡

在"字段"选项卡(见图3-12)中,单击"获取字段"按钮,会弹出图3-13所示的样本数据行数设置界面,直接单击"确定"按钮,会得到图3-14所示结果。这时,单击界面底部的"预览记录"按钮,就可以看到图3-15所示数据。最后,单击界面底部的"确定"按钮,完成"文本文件输入"控件的设置。

双击设计区域的"Excel输出"控件图标,打开设置界面(见图3-16),在"文件"选项卡中,设置"文件名"为"D:\file"。

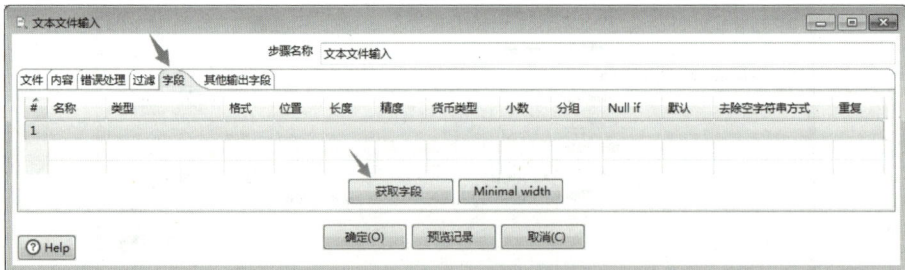

图3-12 设置"字段"选项卡

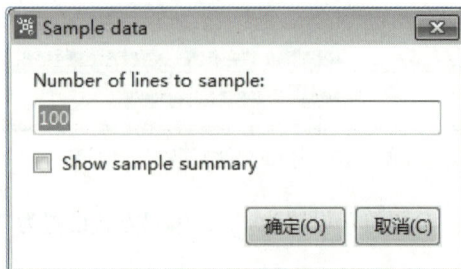

图3-13 设置样本数据行数

图 3-14　获取字段后的显示结果

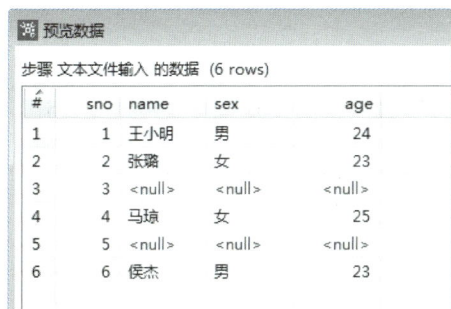

图 3-15　预览记录

图 3-16　设置文件名

在"字段"选项卡（见图 3-17）中，单击界面底部的"获取字段"按钮，成功获取字段后的显示结果如图 3-18 所示。把"sno"和"age"字段的"格式"设置为"#"，再单击"确定"按钮完成"Excel 输出"控件的设置。全部设置完成后，需要保存设计文件。

图 3-17　"字段"选项卡

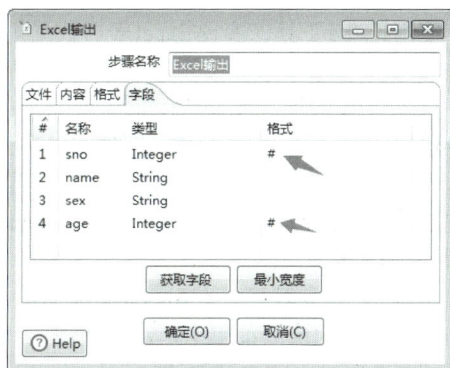

图 3-18　获取字段后的显示结果

步骤 4：执行转换。在转换设计界面中，单击三角形按钮开始执行转换（见图 3-19），会弹出图 3-20 所示界面，在该界面单击"启动"按钮，如果转换执行成功，会显示图 3-21 所示结果，两个控件图标上都会显示"√"。这时，到 D 盘根目录下就可以看到新生成的文件 file.xls，我们可以使用 Excel 软件打开 file.xls 查看内容，如图 3-22 所示。

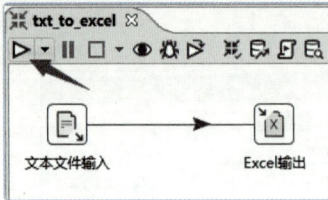

图3-19　执行转换

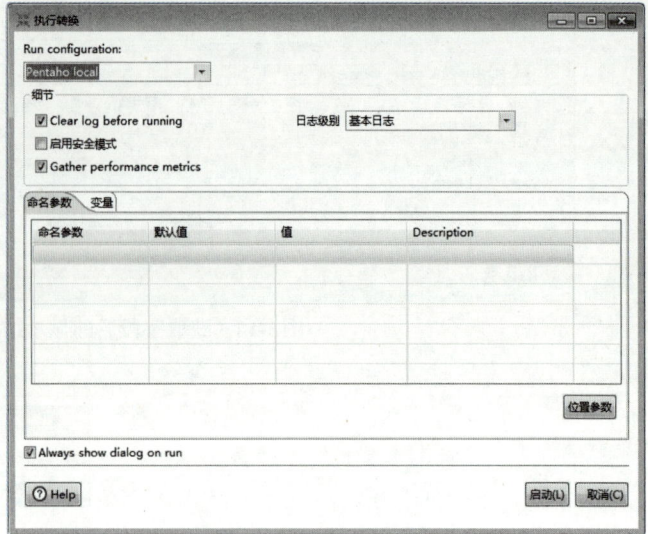

图3-20　转换启动界面

图3-21　转换执行成功

图3-22　file.xls文件内容

3.3.4　数据排序

1. 任务描述

使用Kettle工具，实现Excel表格数据排序。

2. 实验步骤

这里给出一个实例，演示如何使用Kettle工具实现数据排序，具体包括以下步骤：创建文本文件、建立转换、设计转换、执行转换。

步骤1：创建文本文件。在"D:\"目录下新建一个文本文件score.txt，其内容如图3-23所示，文件的第1行是字段名称，包括name和score，字段之间用";"隔开；其余行都是记录，字段之间也用";"隔开。

步骤2：建立转换。在Spoon主界面的"主对象树"选项卡中，在"转换"上面（见图3-24）右击，在弹出的快捷菜单中单击"新建"。单击Spoon主界面左上角的"保存"图标，把这个转换保存到某个路径下并命名为"sort_data"。

步骤3：设计转换。在"核心对象"选项卡中，在"输入"控件里把"文本文件输入"拖到右侧设计区域，再在"转换"控件里把"排序记录"拖到右侧设计区域，接着为这两个控件建立连线，如图3-25所示。

图 3-23　score.txt 文件内容

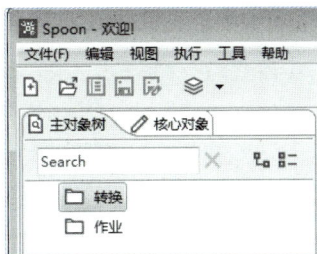

图 3-24　右击"转换"

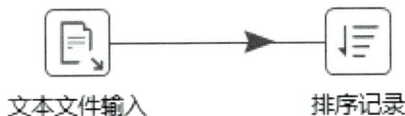

图 3-25　放置"文本文件输入"和"排序记录"两个控件

双击设计区域的"文本文件输入"控件图标，打开设置界面（见图 3-26），单击"文件或目录"右侧的"浏览"按钮，添加文件"D:\score.txt"，再单击"增加"按钮，结果如图 3-27 所示。

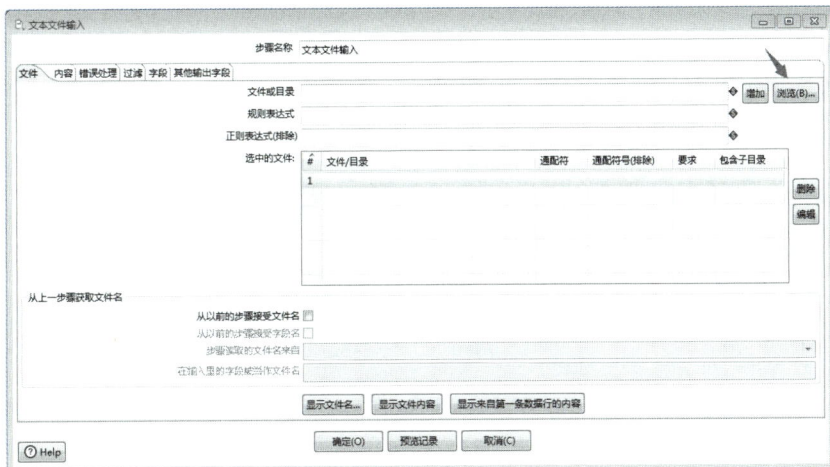

图 3-26　"文本文件输入"控件设置界面

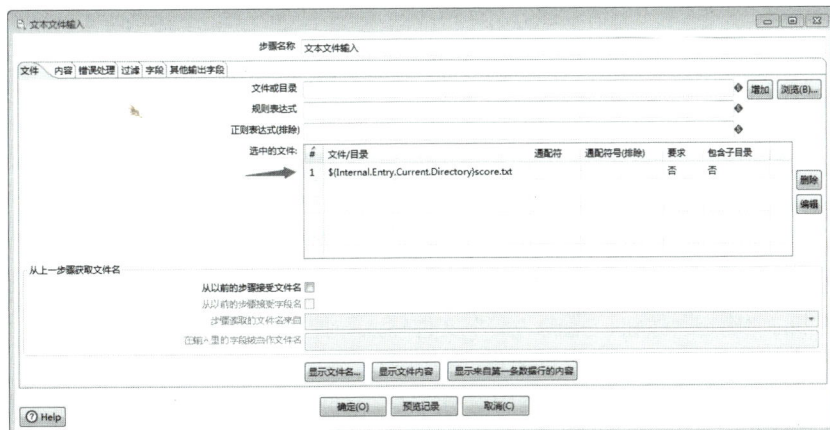

图 3-27　添加文件后的显示结果

在"内容"选项卡中，设置分隔符为"；"，如图3-28所示。

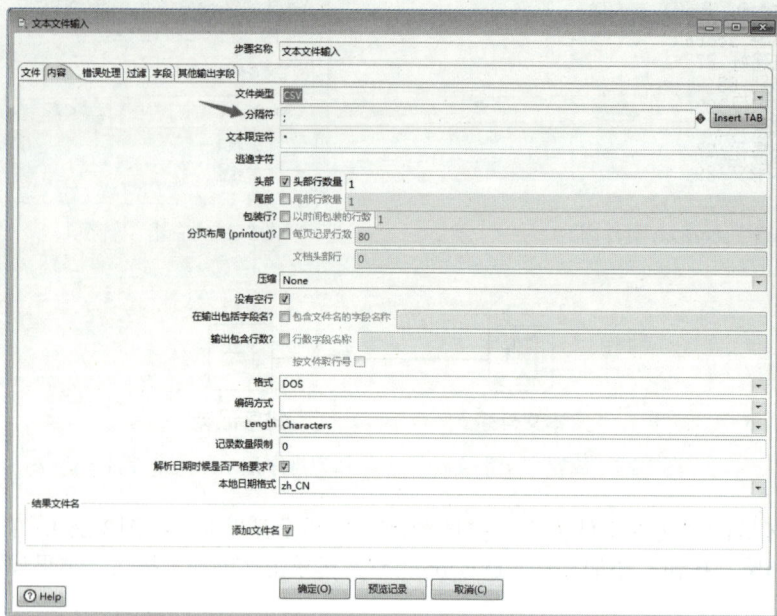

图3-28　设置"内容"选项卡

在"字段"选项卡中，单击"获取字段"按钮（见图3-29），成功获取字段后的显示结果如图3-30所示。

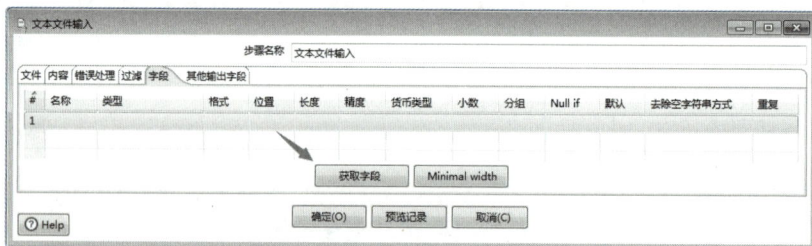

图3-29　单击"获取字段"按钮

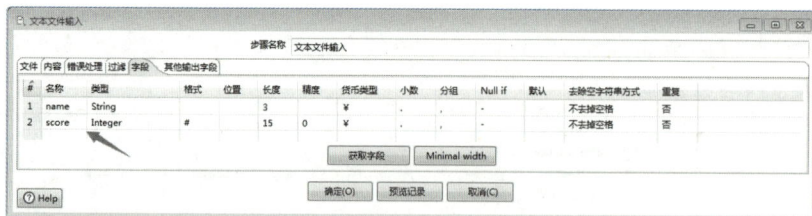

图3-30　成功获取字段后的显示结果

这时，单击界面底部的"预览记录"按钮（见图3-30），就可以预览数据了，如图3-31所示。再单击界面底部的"确定"按钮，完成"文本文件输入"控件的设置。

双击设计区域的"排序记录"控件图标，打开设置界面（见图3-32），在"字段名称"下拉列表中选择"score"，在"升序"下拉列表中选择"是"，再单击"确定"按钮完成设置。全部设置完成后，需要保存设计文件。

图 3-31　预览数据

图 3-32　"排序记录"控件设置界面

步骤 4：执行转换。在转换设计界面中，单击三角形按钮开始执行转换（见图 3-33），在弹出的界面中单击"启动"按钮，如果转换执行成功，会显示图 3-34 所示结果，两个控件图标上都会显示"√"。这时，在"执行结果"的"Preview data"选项卡中可以预览排序后的数据，如图 3-35 所示。

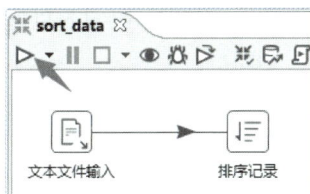

图 3-33　执行转换

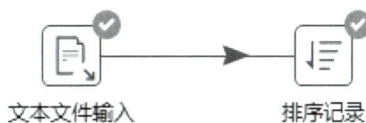

图 3-34　转换执行成功

图 3-35　预览排序后的数据

3.3.5　缺失值处理

1．任务描述

使用 Kettle 工具，对本地的文本文件中的部分缺失值做处理。

2．实验步骤

这里给出一个实例，演示如何使用 Kettle 工具去除缺失值，具体包括以下步骤：创建文本文件、建立转换、设计转换、执行转换。

步骤 1：创建文本文件。在"D:\"目录下新建一个文本文件 people.txt，其内容如图 3-36 所示，其中第 1 行是字段名称，包括 id、name、sex 和 age，字段之间用"|"隔开；其余行都是记录，字段之间也用"|"隔开。由于某些原因，第 3 条、第 5 条和第 8 条记录的 sex 字段没有值，第 7 条记录的 age 字段没有值。

步骤2：建立转换。在Spoon主界面的"主对象树"选项卡中，在"转换"上面右击（见图3-37），在弹出的快捷菜单中单击"新建"。单击Spoon主界面左上角的"保存"图标，把这个转换保存到某个路径下并命名为"del_duplicate"。

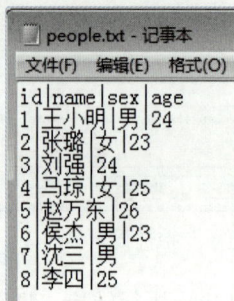

图 3-36　文本文件people.txt的内容

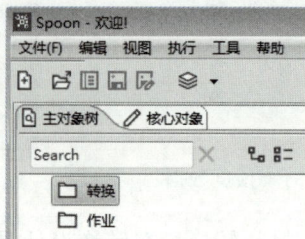

图 3-37　右击"转换"

步骤3：设计转换。在"核心对象"选项卡中，在"输入"控件里把"文本文件输入"拖到右侧设计区域，在"转换"控件里把"字段选择"拖到右侧设计区域，在"流程"控件里把"过滤记录"和"空操作（什么也不做）"拖到右侧设计区域，在"输出"控件里把"Excel输出"拖到右侧设计区域，接着为各个控件建立连线，如图3-38所示。

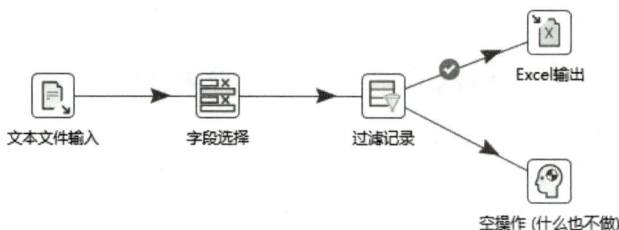

图3-38　放置5个控件并建立连线

双击设计区域的"文本文件输入"控件图标，打开设置界面（见图3-39），单击"文件或目录"右侧的"浏览"按钮，把文件people.txt添加进来，再单击"增加"按钮，这时"选中的文件"右侧会增加一行记录，如图3-40所示。

图3-39　"文本文件输入"控件设置界面

图 3-40　添加文件后的显示结果

在"内容"选项卡（见图 3-41）中，设置"文件类型"为"CSV"，设置"分隔符"为"|"。

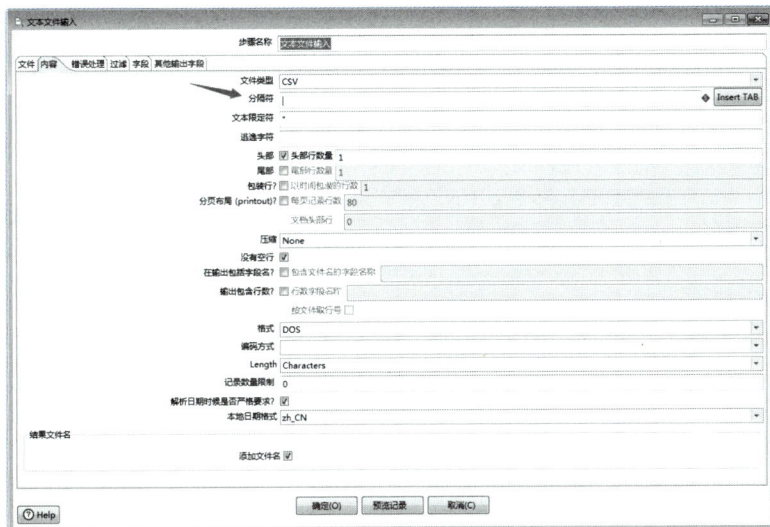

图 3-41　设置"内容"选项卡

在"字段"选项卡（见图 3-42）中，单击界面底部的"获取字段"按钮，获取字段后的显示结果如图 3-43 所示。再单击"确定"按钮，完成"文本文件输入"控件的设置。

图 3-42　"字段"选项卡

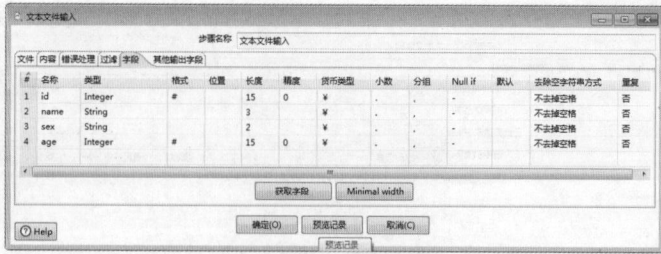

图3-43　获取字段后的显示结果

　　双击设计区域的"字段选择"控件图标，打开"选择/改名值"界面，如图3-44所示。在"选择和修改"选项卡中，单击右侧的"获取选择的字段"按钮，获取字段后的显示结果如图3-45所示。

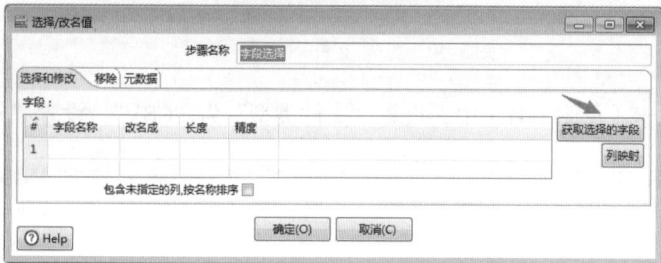

图3-44　"选择/改名值"界面

图3-45　获取字段后的显示结果

　　在"移除"选项卡中，把sex字段设置为移除的字段，如图3-46所示。再单击"确定"按钮，完成"字段选择"控件的设置。

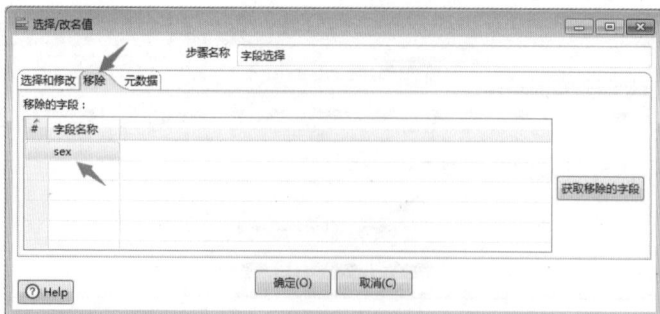

图3-46　设置移除的字段

　　双击设计区域的"过滤记录"控件图标，打开设置界面（见图3-47），在"条件"下方设置过

滤的条件，过滤掉有缺失值的字段，也就是 age 字段。单击"<field>"，会弹出图 3-48 所示界面，
选中 age 字段后单击"确定"按钮返回，这时的界面如图 3-49 所示。

图 3-47　"过滤记录"控件设置界面

图 3-48　选择一个字段

图 3-49　选择 age 字段后的界面

在图 3-49 所示界面中，单击"="，会弹出图 3-50 所示界面，选择"IS NULL"后单击"确定"
按钮返回，此时的界面如图 3-51 所示。

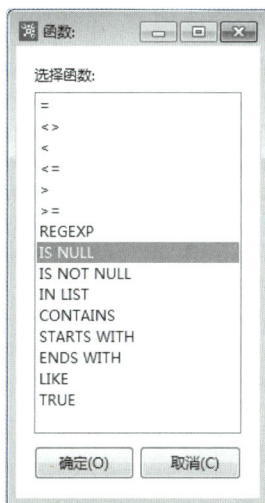

图 3-50　选择"IS NULL"函数

图 3-51　选择"IS NULL"函数后的界面

接着，如图 3-52 所示，将"发送 true 数据给步骤"设置为"空操作（什么也不做）"，将"发送
false 数据给步骤"设置为"Excel 输出"。单击"确定"按钮完成"过滤记录"控件的设置。这时，
各个控件连线的情况如图 3-53 所示。

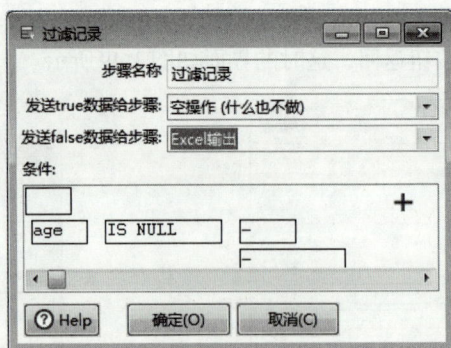

图 3-52　发送 true/false 数据给步骤的设置

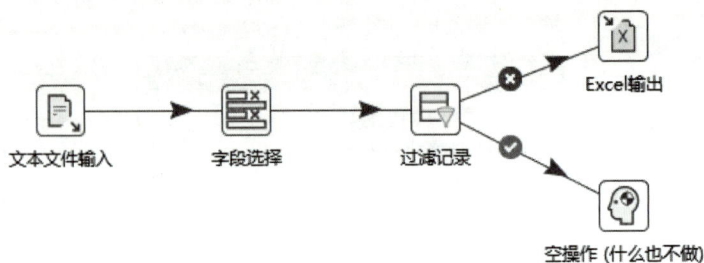

图 3-53　完成设置后各个控件连线的情况

　　双击设计区域的"Excel 输出"控件图标，打开设置界面（见图 3-54），将"文件名"设置为"D:\result"。

图 3-54　"Excel 输出"控件设置界面

　　在"字段"选项卡（见图 3-55）中，单击"获取字段"按钮，获取字段后的显示结果如图 3-56 所示。把字段的"格式"全部设置成"#"，再单击"确定"按钮，完成"Excel 输出"控件的设置。全部设置完成后，需要保存设计文件。

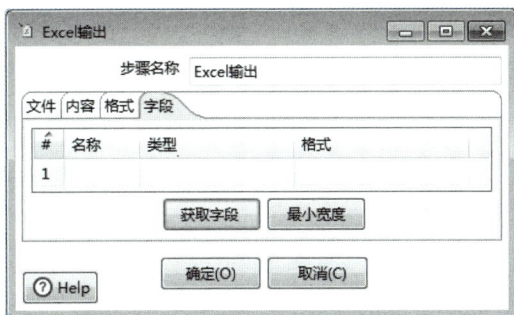

图 3-55　"字段"选项卡

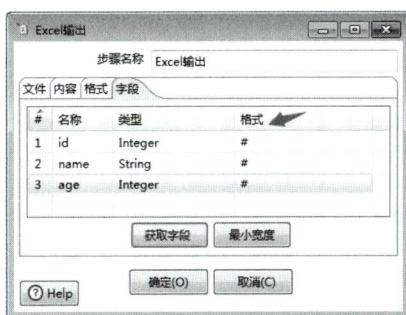

图 3-56　获取字段后的显示结果

步骤 4：执行转换。在转换设计界面中，单击三角形按钮开始执行转换（见图 3-57），在弹出的界面中单击"启动"按钮，如果转换执行成功，会显示图 3-58 所示结果，所有控件图标上都会显示"√"。

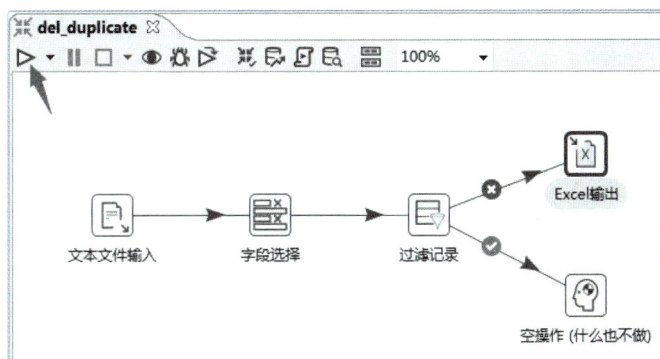

图 3-57　执行转换

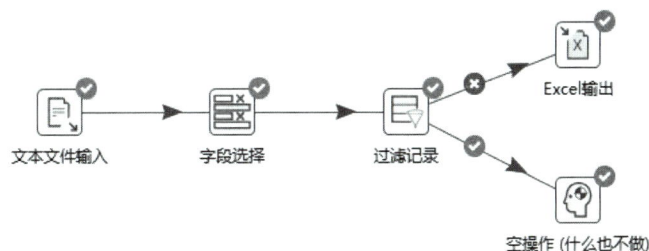

图 3-58　转换执行成功

这时，我们在 D 盘根目录下可以看到一个文件 result.xls，打开该文件可以看到图 3-59 所示内容，可以看出，缺失值都被移除了。

图 3-59　result.xls 文件内容

第 4 章

文本类AIGC应用实践

　　文本类人工智能生成内容（artificial intelligence generated content，AIGC）是指利用先进的自然语言处理技术，通过深度学习模型自动生成高质量的文本内容。文本类 AIGC 广泛应用于多种场景，如新闻写作、创意写作、报告生成等。具体来说，文本类 AIGC 可以根据用户提供的关键词、主题或简要描述，快速生成连贯、准确且富有创意的文章或段落。掌握文本类 AIGC 的具体用法，有助于我们在未来的学习和工作中，更有效地利用相关工具进行内容创作和信息处理。

4.1　实验目的

（1）了解文本类 AIGC 的基本应用方法。
（2）掌握使用大模型工具生成高质量文本内容的方法。
（3）了解文本类 AIGC 的经典应用场景。

4.2　实验环境

4.2.1　环境需求

（1）操作系统：Windows 7 及以上。
（2）浏览器：Edge、360、FireFox、Chrome 等各种浏览器。
（3）大模型工具：DeepSeek、Kimi 通义千问、文心一言。

4.2.2　大模型工具介绍

　　DeepSeek 是一款功能强大的数据处理和分析工具，支持多种数据格式和数据源，广泛应用于数据挖掘、机器学习、商业智能等领域。它提供了数据导入、清洗、分析、建模和可视化等功能，用户可以通过简单的指令或配置，实现复杂的数据处理任务。此外，DeepSeek 还支持代码生成、文本写作、文件阅读等，满足个性化需求。

　　Kimi 是一款智能助手工具，具备文件处理、信息检索、内容创作等多种功能。它可以根据用户的指令或上传的文档，自动生成 PPT 大纲和内容。Kimi 提供了丰富的模板和风格选项，用户可以根据需要选择合适的模板来美化 PPT。同时，Kimi 还支持对生成的 PPT 进行进一步的编辑和修改，以满足用户的不同需求。

　　通义千问是阿里云推出的生成式对话引擎，基于深度学习和自然语言处理技术构建。它具备强大的语言理解和生成能力，可以与用户进行自然流畅的对话交流，解答各种问题，提供信息和建议。通义千问广泛应用于电商、金融、教育、医疗等多个领域，为用户提供便捷、智能的服务体验。其精准的回答和个性化的推荐，让用户获取信息十分高效、便捷，是现代人工智能技术在实践中的重要应用之一。

　　文心一言是百度推出的全新一代知识增强大语言模型，具备与人对话互动、回答问题、辅助创作的能力。它基于飞桨深度学习平台和文心知识增强大模型构建，拥有强大的学习能力和泛化能力。文心一言能够为用户提供精准、丰富的搜索结果和创作素材，是众多用户信赖的智能助手，在教育、娱乐、金融、医疗等多个行业均有广泛应用。

4.3　实验内容

4.3.1　DeepSeek+Kimi 制作 PPT 应用实践

1. 任务描述

　　通过 DeepSeek 生成 PPT 大纲，包括主题、目录、各页简要内容等；然后使用 Kimi 根据生成的

PPT大纲制作PPT，包括选择合适的模板、风格、配色等，并进行编辑和美化。

2．实验步骤

（1）使用DeepSeek生成PPT大纲。

步骤1：登录DeepSeek平台。请确保计算机已连接到互联网，并打开一个常用的网页浏览器（如Chrome）。在浏览器地址栏中输入DeepSeek官方网址，进入DeepSeek平台首页，如图4-1所示，点击页面的"开始对话"按钮，进入"登录"界面。DeepSeek平台可以使用"手机号+验证码方式"登录，也可以使用微信账号或邮箱账号登录。登录成功后，进入平台的对话功能界面（如图4-2所示）。

图4-1　DeepSeek平台首页

图4-2　DeepSeek对话功能界面

步骤2：输入需要生成的PPT的提示词（提示词可以采用"主题+目的+注意事项"的模板格式）。进入DeepSeek对话功能界面后，选中"深度思考（R1）"和"联网搜索"按钮，如图4-3所示，然后在页面的文本输入框中输入需要生成的PPT的提示词，要确保输入的提示词逻辑清晰、信息准确、符合创作需求。

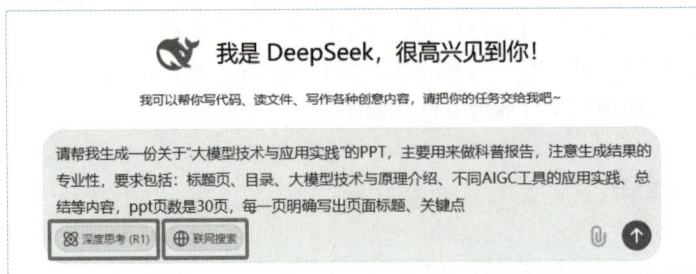

图4-3　输入需要生成的PPT的提示词并选中"深度思考（R1）"和"联网搜索"

　　温馨提示：利用 DeepSeek 生成适用于 PPT 制作的提示词，关键在于明确需求和结构化信息。以下是提示词的一些设置技巧，供读者参考。首先需要明确 PPT 的主题结构和目标受众，其次需要指定 PPT 的页数和内容要求，对于一些需要设计具体页面的 PPT，用户可以在提示词中进一步细化要求；最后需要输入 PPT 的风格，如"使用简洁、有条理的表达方式"。通过这些细节设置，能快速形成 DeepSeek 能够识别 PPT 设计的提示词。

　　步骤3：生成并保存 DeepSeek 生成的 PPT 大纲。输入 PPT 提示词后，单击"发送"按钮 ⬆，如图4-4所示。然后平台开始利用 DeepSeek 大模型开启深度思考和分析，并输出 PPT 的框架设计，如图4-5所示。如有需要，用户可以根据反馈调整 PPT 提示词，重新生成 PPT 大纲。

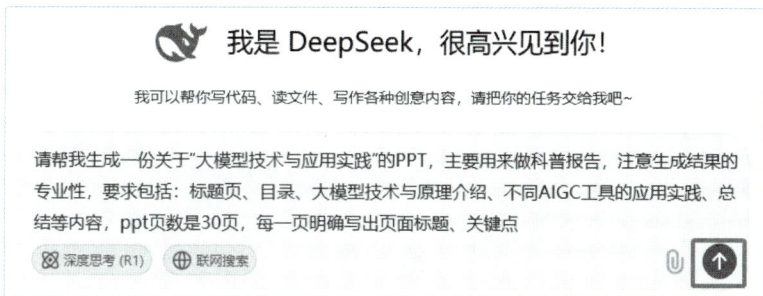

图4-4　发送制作 PPT 的提示词

图4-5　DeepSeek 输出 PPT 的框架设计

　　（2）使用 Kimi 生成 PPT。
　　步骤4：登录 Kimi 平台。在浏览器地址栏中输入 Kimi 官方网址，进入 Kimi 平台，如图4-6所示，单击页面右上方的"登录一下"按钮，可以使用"手机号＋验证码"方式授权登录，也可以微信扫码登录。登录成功后，单击平台左侧的"Kimi+"按钮，如图4-7所示，进入"KIMI+"功能界面，如图4-8所示。

图4-6　Kimi平台首页

图4-7　Kimi平台登录成功后界面

图4-8　"KIMI+"功能界面

步骤5：输入需要制作的PPT的需求（这里选择直接复制DeepSeek生成的PPT大纲和框架）。单击"KIMI+"首页的"PPT助手"按钮，进入"PPT助手"功能界面，如图4-9所示。在弹出的页面中，有一个文本输入框，在此处可以将DeepSeek生成的PPT大纲完整地粘贴到Kimi平台

PPT助手的输入框中，如图4-10所示，单击"发送"按钮⬆，平台后台将利用大模型工具自动解析大纲，生成PPT的目录。

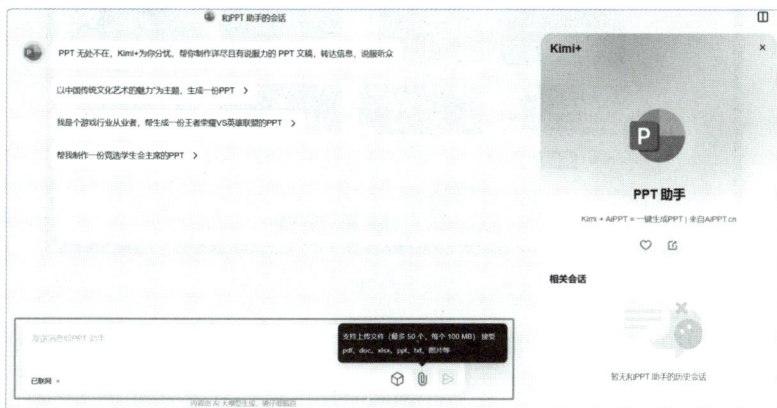

图4-9　Kimi平台PPT助手功能界面

图4-10　复制DeepSeek生成的PPT大纲到Kimi平台PPT助手的输入框

　　步骤6：一键生成PPT并选择适合的PPT模板和风格。平台生成PPT目录后，单击"一键生成PPT"按钮，如图4-11所示。然后选择适合的PPT模板和风格，如选择"科技"设计风格的PPT模板，如图4-12所示，单击"生成PPT"按钮，稍等片刻，系统就会根据提供的提示词和选择的模板生成PPT。

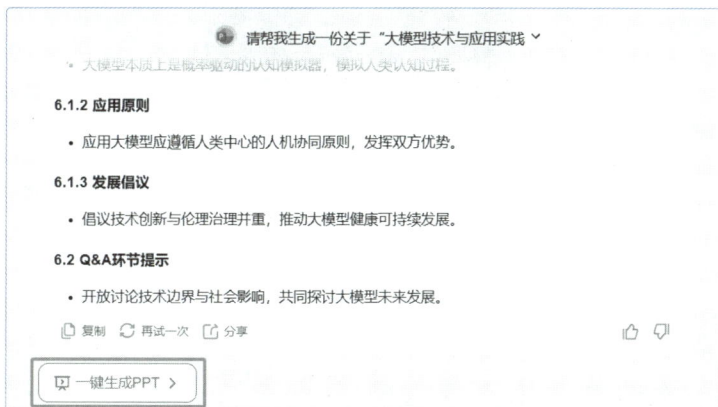

图4-11　"一键生成PPT"页面

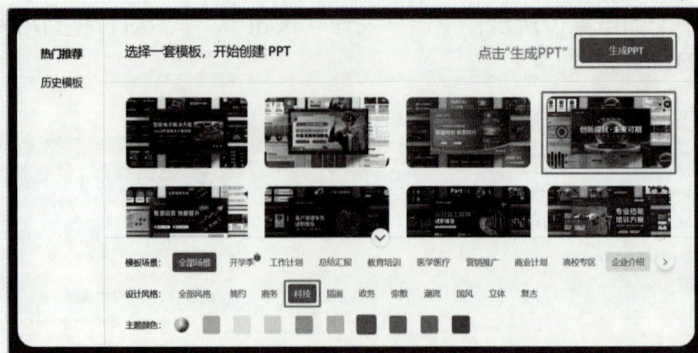

图4-12　选择PPT的模板和风格

步骤7：编辑和确认生成的PPT内容，无误后下载PPT。PPT生成后，可以单击"去编辑"按钮，如图4-13所示，对自动生成的PPT进行个性化编辑和调整。编辑完成后，确认无误，可以单击右上角的"下载"按钮，如图4-14所示，将生成的PPT保存到本地。

图4-13　对自动生成的PPT进行个性化编辑和调整

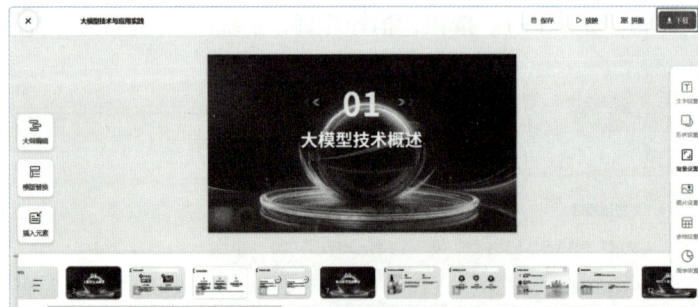

图4-14　编辑后下载PPT

4.3.2　提示词设计原则与技巧应用

1. 任务描述

撰写一篇关于环保的文章，详细记录改进提示词的过程，进一步提高提示词设计能力。

2. 实验步骤

步骤1：打开通义千问的对话模式。请确保计算机已连接到互联网，并打开一个常用的浏览器。在浏览器地址栏中输入通义千问官方网址，进入通义千问平台，单击页面左下角的"立即登录"按钮完成登录操作。单击左侧菜单栏的"对话"按钮（见图4-15），进入对话模式。接下来就可以在提示词输入框中输入提示词了。

图 4-15   通义千问对话模式

步骤 2：输入初始提示词。在提示词输入框中输入初始提示词"请写一篇关于环保的文章"，并单击提交按钮，让通义千问回答你的问题。通义千问很快会给出结果，如图 4-16 所示。

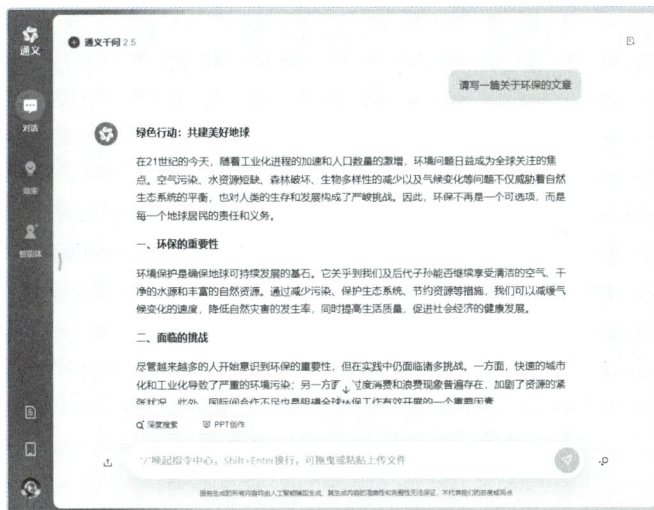

图 4-16   初步生成的文章

步骤 3：改进提示词。我们可以从明确文章的具体目标和内容方面来改进提示词。例如，这篇文章是面向大众的科普文还是学术论文，是介绍环保的基本概念还是深入探讨某个特定的环保问题。改进后的提示词为"请写一篇面向大众的科普文章，介绍环保的基本概念、重要性以及个人可以采取的简单行动"。我们可以对比一下这次生成的内容和上一次生成内容的区别。

步骤 4：继续改进提示词。我们可以使用具体而非抽象的语言来改进提示词。例如，可以指定文章的长度、段落主题等。改进后的提示词如下。

> 请写一篇面向大众的科普文章，介绍环保的基本概念、重要性以及个人可以采取的简单行动。**文章长度约为 800 字，分为 3 个部分：（1）环保的基本概念；（2）环保的重要性；（3）个人可以采取的简单行动。**

我们可以对比一下这次生成的内容和上一次生成内容的区别。

步骤5：进一步改进提示词。为了使文章更加吸引读者，我们可以指定一种风格或语气，例如，希望文章是轻松易懂的，还是严肃认真的？改进后的提示词如下。

> 请写一篇面向大众的科普文章，介绍环保的基本概念、重要性以及个人可以采取的简单行动。文章长度约为800字，分为3个部分：（1）环保的基本概念；（2）环保的重要性；（3）个人可以采取的简单行动。**请用轻松易懂的语言风格来撰写。**

我们可以对比一下这次生成的内容和上一次生成内容的区别。

步骤6：再进一步改进提示词。为了让通义千问更好地理解背景信息，我们可以提供一些额外的上下文信息，如相关的统计数据或案例。改进后的提示词如下。

> 请写一篇面向大众的科普文章，介绍环保的基本概念、重要性以及个人可以采取的简单行动。文章长度约为800字，分为3个部分：（1）环保的基本概念；（2）环保的重要性；（3）个人可以采取的简单行动。请用轻松易懂的语言风格来撰写。**以下是一些背景信息：全球每年有约800万吨塑料垃圾进入海洋。据统计，减少汽车使用可以显著降低碳排放。许多城市已经实施垃圾分类政策。**

步骤7：对比不同提示词的效果。我们可以尝试使用不同版本的提示词，比较通义千问生成的结果，选择最佳的那个。这里我们再次对语言风格进行修改，改进后的提示词如下。

> 请写一篇面向大众的科普文章，介绍环保的基本概念、重要性以及个人可以采取的简单行动。文章长度约为800字，分为3个部分：（1）环保的基本概念；（2）环保的重要性；（3）个人可以采取的简单行动。**请用正式和平实的语言风格来撰写。**以下是一些背景信息：全球每年有约800万吨塑料垃圾进入海洋。据统计，减少汽车使用可以显著降低碳排放。许多城市已经实施垃圾分类政策。

通过对通义千问生成的结果进行对比，我们可以看到，步骤6生成的文章语言风格更加轻松幽默，适合那些希望通过有趣的方式了解环保知识的读者，而步骤7生成的文章语言风格更加正式和平实，适合那些希望获得清晰、直接信息的读者。

通过以上步骤，我们可以看到，从最初的简单提示词到最终优化后的提示词，所生成的文章质量有了显著提升。在实际应用中，我们可以尝试使用不同版本的提示词，比较所生成文本的差异，根据目标受众和应用场景选择最适合的生成文本。这种实践不仅能够提升我们的提示词设计能力，还能使我们掌握如何利用大模型工具来生成更高质量的文本。

4.3.3 学术论文摘要制作

1. 任务描述

借助大模型工具，撰写一篇关于"基于深度学习的图像识别技术在智能交通系统中的应用"的学术论文摘要。

2. 实验步骤

步骤1：打开通义千问的对话模式。通过浏览器，打开大模型工具通义千问，并登录个人账户。单击页面左侧菜单栏的"对话"按钮，进入对话模式。

步骤2：输入初始提示词。在提示词输入框中输入如下初始提示词。

> 请写一篇关于"基于深度学习的图像识别技术在智能交通系统中的应用"的学术论文摘要。

步骤 3：改进提示词。我们可以通过进一步明确摘要的具体目标和内容，来改进提示词。例如，摘要需要包含哪些关键部分（背景、方法、结果、结论）？摘要的长度是多少？改进后的提示词如下。

> 请写一篇关于"基于深度学习的图像识别技术在智能交通系统中的应用"的学术论文摘要，摘要应包括以下部分。（1）研究背景；（2）研究方法；（3）主要结果；（4）结论。摘要长度为 250～300 字。

步骤 4：继续改进提示词。我们可以使用具体而非抽象的语言，具体地描述每个部分的内容，来改进提示词。例如，我们可以指定研究方法的具体细节、主要结果的数据支持等。改进后的提示词如下。

> 请写一篇关于"基于深度学习的图像识别技术在智能交通系统中的应用"的学术论文摘要，摘要应包括以下部分。（1）**研究背景**：简要介绍基于深度学习的图像识别技术在智能交通系统中的重要性和应用现状。（2）**研究方法**：详细描述所采用的研究方法，如使用的数据集、模型架构（如卷积神经网络）、训练和测试过程。（3）**主要结果**：列出主要研究发现，包括识别准确率、处理速度等具体指标。（4）**结论**：总结研究的主要结论，并提出未来的研究方向或实际应用建议。摘要长度为 250～300 字。

步骤 5：进一步改进提示词。我们可以通过指定风格或语气，来进一步改进提示词。学术论文摘要通常需要使用正式和客观的语气，我们可以在提示词中明确这一点。改进后的提示词如下。

> 请写一篇关于"基于深度学习的图像识别技术在智能交通系统中的应用"的学术论文摘要，摘要应包括以下部分。（1）**研究背景**：简要介绍基于深度学习的图像识别技术在智能交通系统中的重要性和应用现状。（2）**研究方法**：详细描述所采用的研究方法，如使用的数据集、模型架构（如卷积神经网络）、训练和测试过程。（3）**主要结果**：列出主要研究发现，包括识别准确率、处理速度等具体指标。（4）**结论**：总结研究的主要结论，并提出未来的研究方向或实际应用建议。摘要长度为 250～300 字。**请使用正式和客观的语气。**

步骤 6：再进一步改进提示词。为了让通义千问更好地理解背景信息，我们可以提供一些额外的上下文信息，如相关的统计数据或案例。改进后的提示词如下。

> 请写一篇关于"基于深度学习的图像识别技术在智能交通系统中的应用"的学术论文摘要，摘要应包括以下部分。（1）**研究背景**：简要介绍基于深度学习的图像识别技术在智能交通系统中的重要性和应用现状。**例如，智能交通系统需要实时识别车辆、行人和交通标识，以提高交通效率和安全性。**（2）**研究方法**：详细描述所采用的研究方法，如使用的数据集（**如 Cityscapes 数据集**）、模型架构（**如 ResNet**）、训练和测试过程（**如使用交叉验证**）。（3）**主要结果**：列出主要研究发现，包括识别准确率（**如在 Cityscapes 数据集上达到 90% 的准确率**）、处理速度（**如每秒处理 30 帧图像**）等具体指标。（4）**结论**：总结研究的主要结论，并提出未来的研究方向或实际应用建议。**例如，进一步优化模型以提高处理速度，或将其应用于实际的智能交通系统中。**摘要长度为 250～300 字。请使用正式和客观的语气。

步骤 7：对比不同版本提示词的效果。我们可以尝试使用不同版本的提示词，比较通义千问生成的结果，选择最佳的那个。最终的提示词如下。

> 请写一篇关于"基于深度学习的图像识别技术在智能交通系统中的应用"的学术论文摘要，摘要应包括以下部分。（1）**研究背景**：简要介绍基于深度学习的图像识别技术在智能交通系统中的重要性和应用现状。例如，智能交通系统需要实时识别车辆、行人和交通标识，以提高交通效率和安全性。（2）**研究方法**：详细描述所采用的研究方法，如使用的数据集（如Cityscapes数据集）、模型架构（如ResNet）、训练和测试过程（如使用交叉验证）。**我们还采用了数据增强技术来提高模型的泛化能力。**（3）**主要结果**：列出主要研究发现，包括识别准确率（如在Cityscapes数据集上达到90%的准确率）、处理速度（如每秒处理30帧图像）等具体指标。**此外，我们在真实交通场景中的测试也显示了良好的性能。**（4）**结论**：总结研究的主要结论，并提出未来的研究方向或实际应用建议。例如，进一步优化模型以提高处理速度，或将其应用于实际的智能交通系统中，**并考虑与其他传感器数据融合以提高系统的鲁棒性。**摘要长度为250～300字。请使用正式和客观的语气。

总体而言，步骤6生成的摘要更加简洁明了，适合那些希望快速了解主要内容的读者。步骤7生成的摘要提供了更多具体的技术细节和实验结果，适合那些希望获得详细信息的读者。

在实际应用中，我们可以尝试使用不同版本的提示词，根据目标受众和应用场景选择最适合的摘要。这种实践不仅能够提升我们的提示词设计能力，还能让我们更好地掌握如何利用大模型工具来生成高质量的学术摘要。

4.3.4 小组课程作业汇报PPT制作

1. 任务描述

借助大模型工具，撰写一份小组课程作业汇报PPT。

2. 实验步骤

步骤1：打开通义千问的效率工具模式。通过浏览器，打开大模型工具通义千问，并登录个人账户。单击页面左侧菜单栏的"效率"按钮，进入"工具箱"页面，并在页面右边选择"PPT创作"效率工具，如图4-17所示。

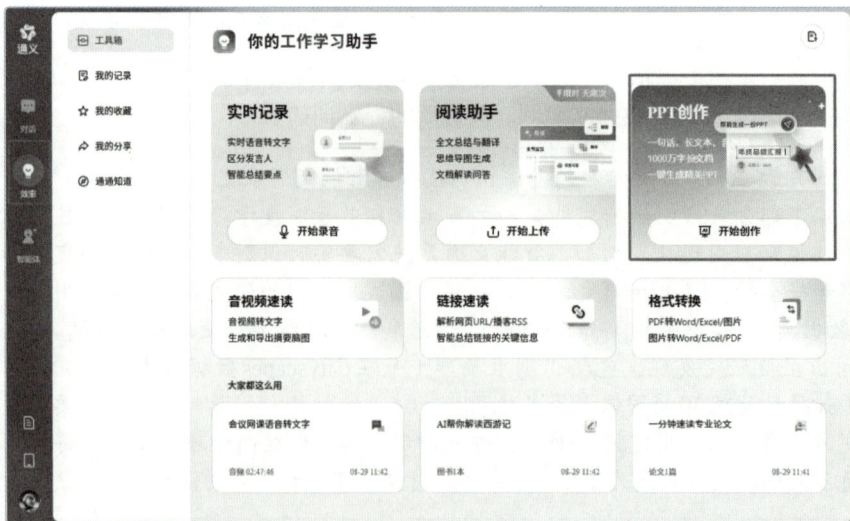

图4-17 通义千问PPT创作工具

步骤2：准备好汇报的内容。假设我们已经完成了学术论文摘要的撰写，并且保存在"学术论文摘要.txt"文件中。

步骤3：进入"长文本生成PPT"模式。如图4-18所示，单击页面右下角的"长文本生成PPT"，在弹出的文本输入框中，把"学术论文摘要.txt"文件中的内容复制粘贴到文本输入框中，并单击"下一步"，进入"大纲设置和场景选择"页面。

步骤4：设置大纲和选择演讲场景。如图4-19所示，我们可以对已生成的大纲进行确认和进一步编辑，同时选择合适的演讲场景。单击"下一步"，进入"模板设置"页面。

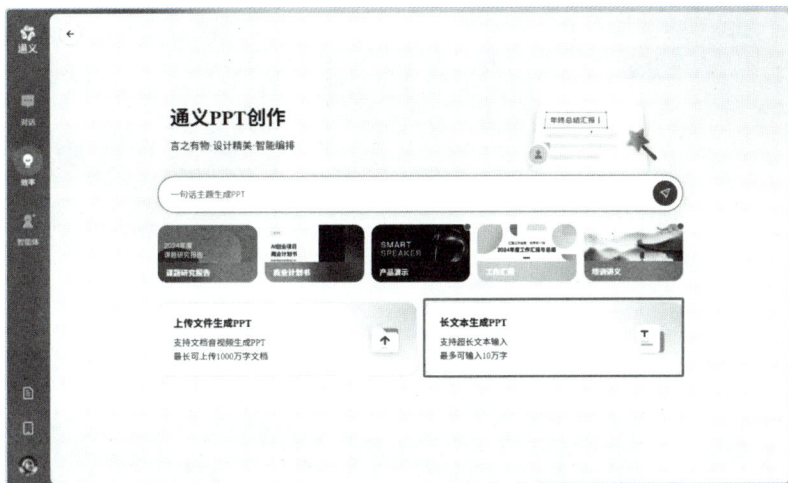

图4-18　单击"长文本生成PPT"

图4-19　大纲确认和场景选择

步骤5：选择模板。在"模板设置"页面，选择一个适合学术报告的PPT模板。通常有多种模板可供选择，我们可以选择简洁、专业的模板。选择好模板后，可以单击页面右上角的"生成PPT"按钮，如图4-20所示。

步骤6：预览和修改PPT。在初步生成的PPT页面，如图4-21所示，可以单击页面右上角的"演示"按钮，预览生成的PPT，检查是否有错别字、格式问题等，也可以根据需要进行在线修改和调整，并保存相关修改；还可以选择导出PPT，在本地进行进一步完善。

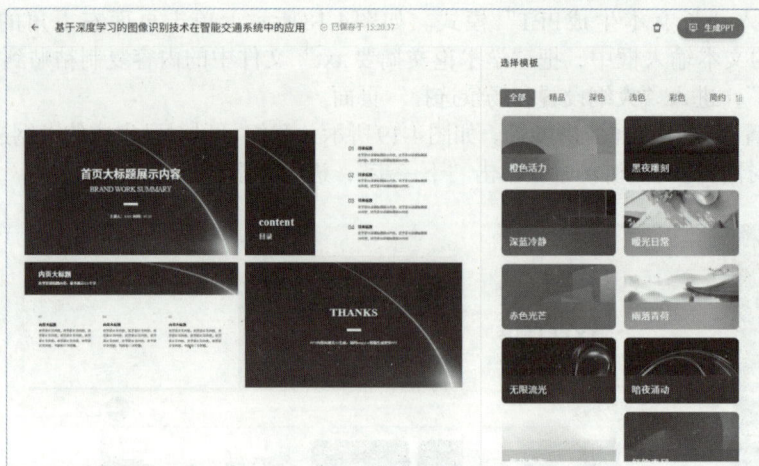

图4-20　选择模板

图4-21　初步生成的PPT

通过以上步骤，我们可以初步生成小组课程作业汇报PPT。接下来，我们可以根据小组课程作业的具体内容，通过插入具体的实验数据等，进一步在本地完善PPT。

4.3.5　学术论文阅读

1．任务描述

请借助大模型工具，进行学术论文的高效阅读，迅速获得论文的关键信息（如论文摘要、关键词等），并使用论文翻译、智能问答、笔记、脑图等功能。

2．实验步骤

步骤1：打开通义千问的效率工具"阅读助手"。通过浏览器，打开大模型工具通义千问，并登录个人账户。如图4-22所示，单击左侧菜单栏的"效率"按钮，进入"工具箱"页面，并在页面右边选择"阅读助手"效率工具。

步骤2：准备学术论文。从学术数据库（如PubMed、IEEE Xplore、Google Scholar等）下载PDF格式的论文，或者直接使用主教材附带的"学术论文.PDF"文件（可以从本书资源平台下载该文件）。如图4-23所示，通过拖放文件或单击上传按钮，将论文上传到通义千问的"阅读助手"效率工具中。

步骤3：打开"阅读助手"功能页面。如图4-24所示，单击页面左下角"最近记录"下方的已上传论文，进入"阅读助手"功能页面，其包括摘要生成、关键词提取、段落总结等功能；也可以单击页面右上角的"上传记录"按钮，待上传的论文解析成功后，单击"立即查看"，同样可进入

"阅读助手"功能页面。

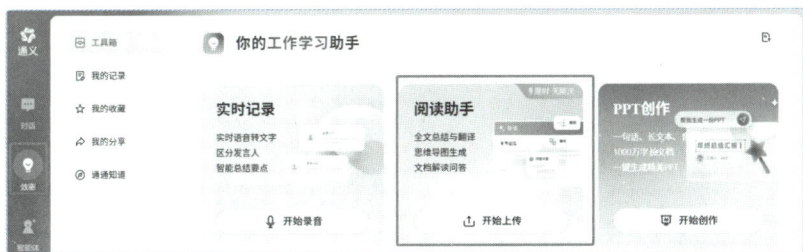

图 4-22　"阅读助手"效率工具

图 4-24　单击进入"阅读助手"功能页面

图 4-23　上传论文

步骤 4：论文导读模式。 如图 4-25 所示，单击页面上方的"导读"，通过"全文摘要"和"论文速读"，我们可以快速了解论文的主要内容和研究目的，对论文的整体内容有一个初步的了解。

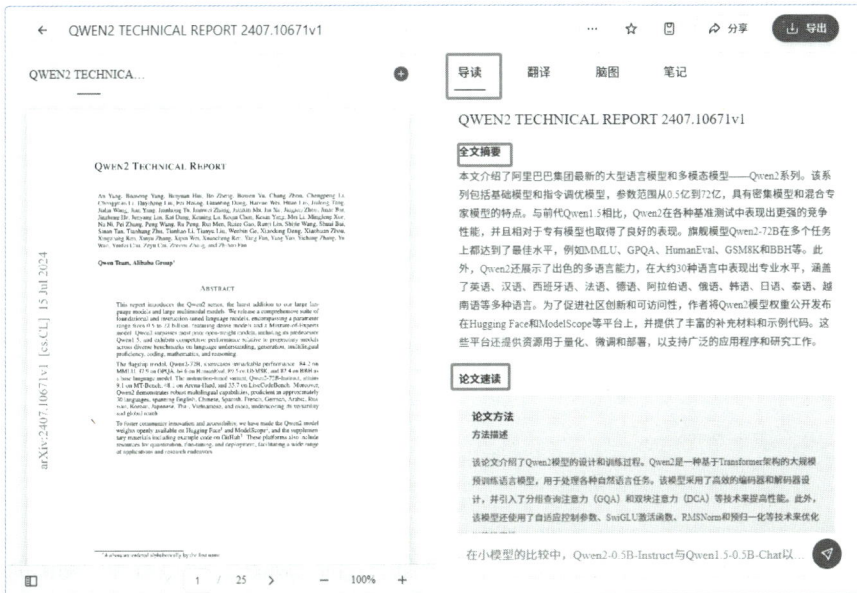

图 4-25　"全文摘要"和"论文速读"

步骤 5：论文翻译模式。 如图 4-26 所示，单击页面上方的"翻译"，通过"中英互译"，将论文翻译成中文，以便进一步阅读。同时，我们也可以在页面的左半部分，单击页面左下角的翻页按钮，进行中英对照阅读。

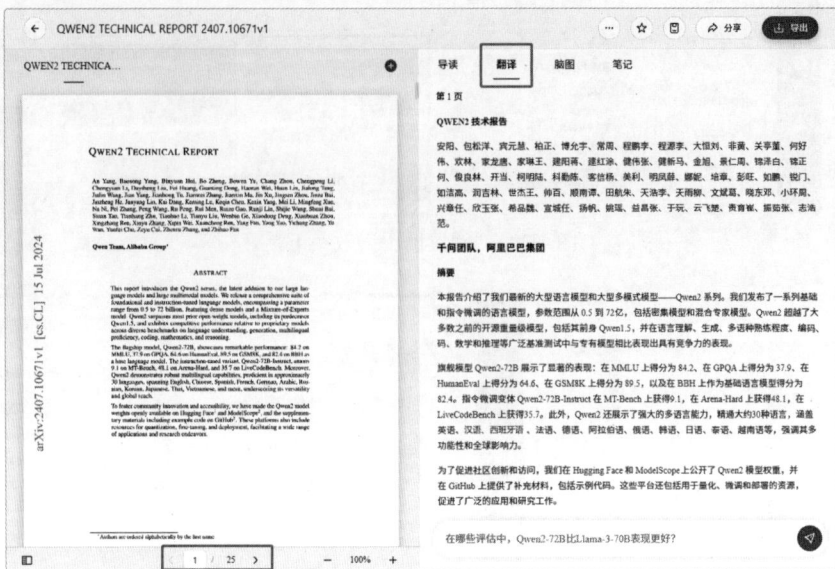

图4-26　论文翻译和中英对照阅读

步骤6：论文智能问答模式。在阅读过程中，如果有任何疑问或不理解的地方，可以在页面右下角的问题输入框中输入相关问题，进入"智能问答"页面。例如，我们可以输入问题"Qwen2在哪些基准测试中表现更好？"，页面会自动给出答案，如图4-27所示。"阅读助手"效率工具会根据论文内容提供相关解答，这有助于我们全面了解论文的具体细节。

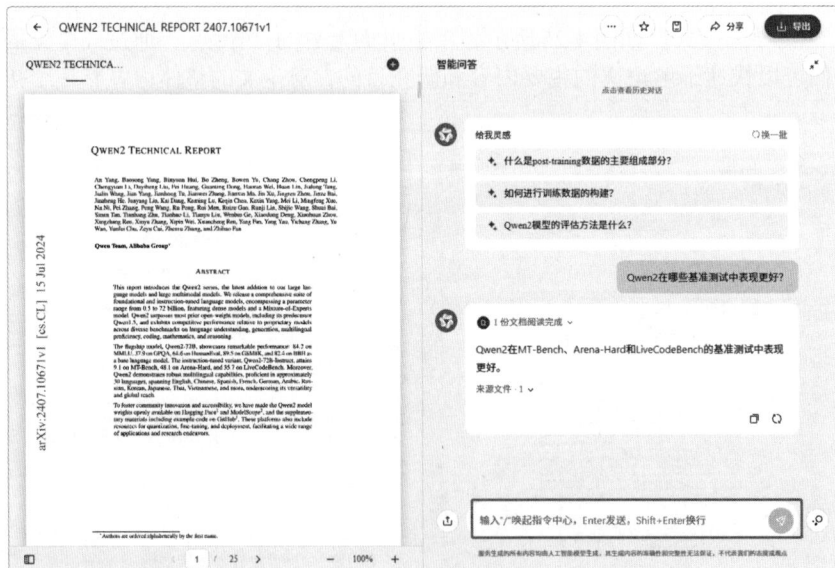

图4-27　智能问答

步骤7：论文脑图模式。如图4-28所示，单击页面上方的"脑图"，可以看到"阅读助手"效率工具生成的论文脑图。脑图将整篇论文的结构以树状图的形式展示出来，帮助我们快速了解论文的整体框架。通过层级关系，我们可以快速了解各个部分之间的逻辑关系，如引言、方法、结果和讨论等。

步骤8：论文笔记模式。如图4-29所示，单击页面上方的"笔记"，在阅读论文时，我们可以结合脑图提供的结构和关键点，逐段阅读并做笔记。在做笔记时，可以记录关键点，也可以标记有疑问之处，还可以针对部分内容做总结。

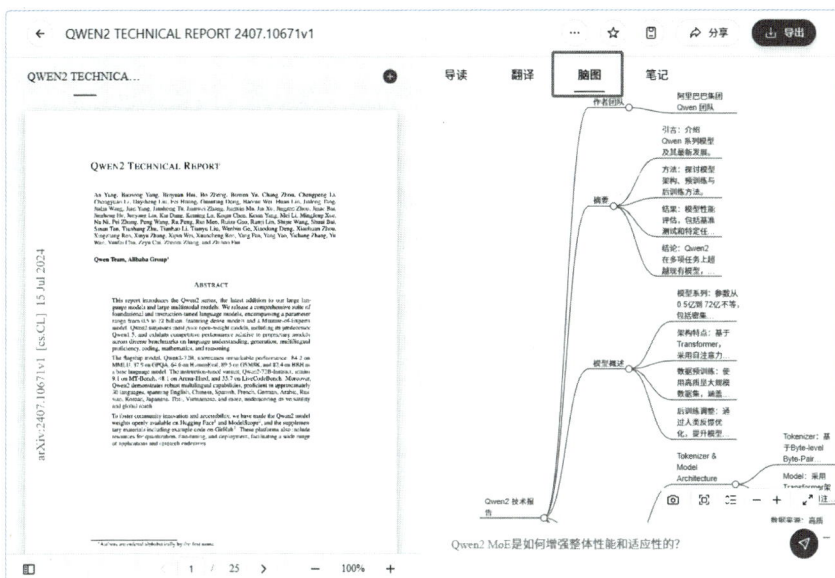

图 4-28　生成论文脑图

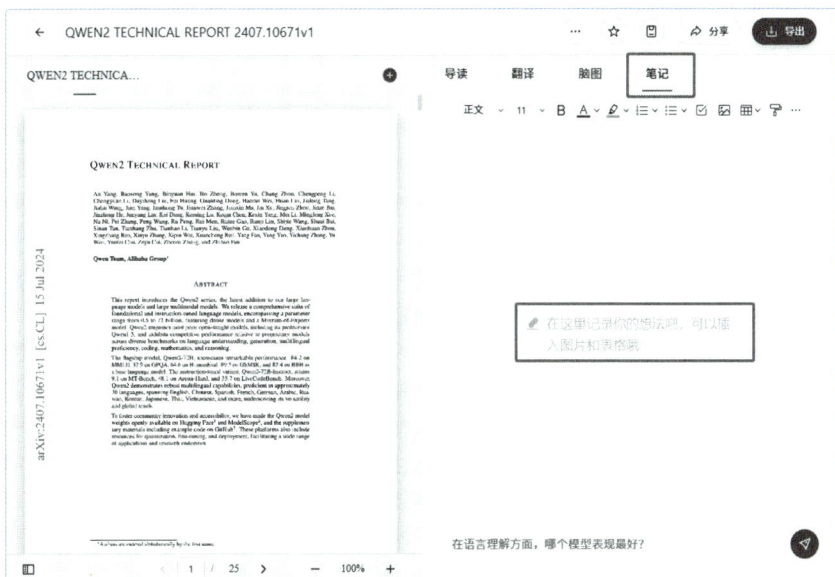

图 4-29　论文笔记

通过以上步骤，我们可以有效地使用通义千问的"阅读助手"效率工具来阅读和理解学术论文。

4.3.6 撰写一封正式的 E-mail

1. 任务描述

通过大模型工具撰写一封正式的 E-mail，向某个高校教授咨询课程学习建议和参加项目的机会。

2. 实验步骤

步骤 1：打开通义千问的对话模式。使用浏览器打开大模型工具通义千问，并登录个人账户。

单击页面左侧菜单栏的"对话"按钮，进入对话模式。

步骤2：明确邮件内容。这封邮件的主要内容是：介绍自己；咨询关于课程学习的建议；询问是否有参与项目的机会。

步骤3：输入初始提示词。描述希望通义千问生成的内容，比如，可以输入以下提示词。

> 请帮我写一封正式的邮件，向一个高校教授咨询关于课程学习的建议和参加项目的机会。邮件内容应包括自我介绍、课程学习建议的请求以及参与项目的机会询问。

步骤4：优化提示词。为了使邮件内容更加具体和个性化，可以进一步优化提示词，提供更多的细节和背景信息。优化后的提示词如下。

> 请帮我写一封正式的邮件，向一个高校教授咨询关于课程学习的建议和参加项目的机会。邮件内容应包括以下部分。（1）自我介绍：包括姓名、年级、专业、已修课程等。（2）对课程的兴趣和学习情况：简要说明我对该课程的兴趣和目前的学习情况。（3）请求课程学习建议：具体说明我在学习过程中遇到的困难及想要改进的地方。（4）询问参与项目的机会：表达我对参与教授的研究项目或其他相关项目的兴趣，并简要说明我希望从中学到什么。（5）结尾：感谢教授花费时间阅读邮件，并表示期待回复。请确保邮件语言正式且礼貌。

步骤5：审查和修改邮件。仔细审查生成的邮件，确保没有错别字或语法错误，并根据需要进行微调。审查要点包括：确保所有个人信息（如姓名、学号、联系方式）正确无误；检查邮件的格式是否符合正式邮件的标准，如开头和结尾的问候语；确保邮件的语气正式且礼貌；确认邮件内容清晰、具体，并涵盖所有必要信息。

通过以上步骤，就可以使用通义千问生成一封正式且专业的邮件。

4.3.7　撰写一份项目计划书

1. 任务描述

通过大模型工具，撰写一份项目计划书，用于申请大学生创新创业扶持资金。

2. 实验步骤

步骤1：打开通义千问的对话模式。通过浏览器，打开大模型工具通义千问，并登录个人账户。单击页面左侧菜单栏的"对话"按钮，进入对话模式。

步骤2：明确项目内容、目标和关键组成部分。通常，项目计划书应包括10个部分。第一，项目概述：简要介绍项目背景、目标和意义。第二，市场分析：分析市场需求、竞争对手和目标用户等。第三，产品或服务描述：详细描述你的产品或服务及其独特之处。第四，技术方案：说明项目的技术实现方法和关键技术。第五，团队介绍：介绍项目团队成员及其职责。第六，时间表：制订详细的项目时间表，列出各个阶段的时间节点。第七，资源分配：列出所需的资源，包括人力、资金和技术支持等。第八，风险管理：识别潜在的风险并提出应对措施。第九，预算：提供项目的预算明细。第十，预期成果：描述项目的预期成果和影响。

步骤3：编写一段初始提示词。描述希望通义千问生成的内容，初始提示词如下。

> 请帮我写一份项目计划书，用于申请大学生创新创业扶持资金。这份项目计划书应包括以下几个部分。（1）项目概述：简要介绍项目背景、目标和意义。（2）市场分析：分析市场需求、竞争对手和目标用户。（3）产品或服务描述：详细描述产品或服务及其独特之处。（4）技术方案：说明项目的技术实现方法和关键技术。（5）团队介绍：介绍项目团队成员及其职责。（6）时间表：制订详细的项目时间表，列出各个阶段的时间节点。（7）资源分配：列出所需的资源，包括人力、资金和技术支持等。（8）风险管理：识别潜在的风险并提出应对措施。（9）预算：提供项目的预算明细。（10）预期成果：描述项目的预期成果和影响。总字数为1000～1500字。

步骤4：优化提示词。通过提供更多的细节和背景信息来优化提示词。优化后的提示词如下。

> 　　请帮我写一份项目计划书，用于申请大学生创新创业扶持资金。这份项目计划书应包括以下几个部分。（1）项目概述：简要介绍项目背景、目标和意义。例如，开发一个基于移动设备的智能校园导览系统，通过集成地图导航、虚拟导游、实时信息发布等功能，为用户提供全方位的校园导览服务。（2）市场分析：分析市场需求、竞争对手和目标用户。例如，①市场需求：随着高等教育的快速发展，大学校园的规模不断扩大，设施和活动日益增多。新入学的学生、访客以及在校师生常常面临导航困难的问题，尤其在大型校园内。传统的纸质地图和人工导览方式已经难以满足现代校园的需求。②竞争对手：市场上已有一些通用的地图导航应用，如高德地图、百度地图等，但这些应用缺乏针对校园环境的定制化功能。③目标用户：新入学的学生、访客以及在校师生。（3）产品或服务描述：详细描述产品或服务及其独特之处。例如，产品是一个基于移动设备的智能校园导览系统。（4）技术方案：说明项目的技术实现方法和关键技术。例如，结合AR技术，提供沉浸式的导览体验。（5）团队介绍：介绍项目团队成员及其职责。例如，项目经理张三，负责项目的整体规划和管理；技术负责人李四，负责技术方案的设计和实施。（6）时间表：制订详细的项目时间表，列出各个阶段的时间节点。例如，设计阶段：2024年10月1日至2024年10月15日。开发阶段：2024年10月16日至2024年11月15日。（7）资源分配：列出所需的资源，包括人力、资金和技术支持等。例如，人力资源：项目经理1名，开发人员3名，测试人员2名。资金资源：总预算8万元。（8）风险管理：识别潜在的风险并提出应对措施。例如，风险：技术难题可能导致开发延期。应对措施：提前进行技术预研和评估。（9）预算：提供项目的预算明细。例如，人力资源：3万元。设备采购：2.5万元。材料费用：1万元。其他费用：1.5万元。（10）预期成果：描述项目的预期成果和影响。例如，预期成果：成功开发出一个用户友好的智能校园导览系统，并获得一定数量的用户反馈。总字数为1000～1500字。请确保语言正式且结构清晰。

步骤5：审查和修改项目计划书。确保生成的项目计划书没有错别字或语法错误，并根据需要进行微调。审查要点有5个。第一，项目信息：确保所有项目信息（如项目名称、目标、时间表等）正确无误。第二，格式：检查文书的格式是否符合要求，如标题、表格等。第三，语气和结构：确保文书的语气正式且结构清晰。第四，内容：确认文书内容清晰、具体，并涵盖所有必要信息。第五，细节：确保文书反映了项目的具体细节和特点，避免过于模板化。

通过以上步骤，就可以使用通义千问生成一份详细的项目计划书，用于申请大学生创新创业扶持资金。

4.3.8　产品推荐文案撰写

1. 任务描述

了解产品推荐文案撰写涉及的相关知识，利用大模型工具文心一言完成一篇关于小爱智能音箱的产品推荐文案。

2. 实验步骤

步骤1：打开百度文心一言的对话模式。首先打开浏览器，访问文心一言官方网站，并登录个人账户。

步骤2：进行产品定位。让消费者快速了解某一个产品的有效途径，就是给出他们认识的类似产品。输入提示词"请列举小爱智能音箱的对标物"，文心一言给出的结果如图4-30所示。从文心一言给出的结果可以看到，小爱智能音箱的对标物主要包括小度智能音箱、天猫精灵智能音箱、华为智能音箱以及其他国内外知名品牌的智能音箱产品。但是，文心一言给出的结果可能包含一些专业词汇，这会让不了解此类产品的人望而却步。

步骤3：采用CARE【Context（背景）、Action（行动）、Result（结果）、Example（示例）】框架来优化提示词，实现精准的产品定位。利用CARE框架构建的提示词包括4部分内容。第一，背景：目前大家都不知道小爱智能音箱是什么。第二，行动：列出几个大众熟悉的对标物和一些合适的定语。第三，结果：帮助提高产品的知名度和销量。第四，示例：类似的如荣耀对标手机销售量排名前三、拥有出色的屏幕显示效果和先进的拍照技术等创新技术的苹果手机。修改后的提示词如下。

> 目前大家都不知道小爱智能音箱是什么，请列出几个大众熟悉的对标物和一些合适的定语，帮助提高产品的知名度和销量，类似的如：荣耀对标手机销售量排名前三、拥有出色的屏幕显示效果和先进的拍照技术等创新技术的苹果手机。

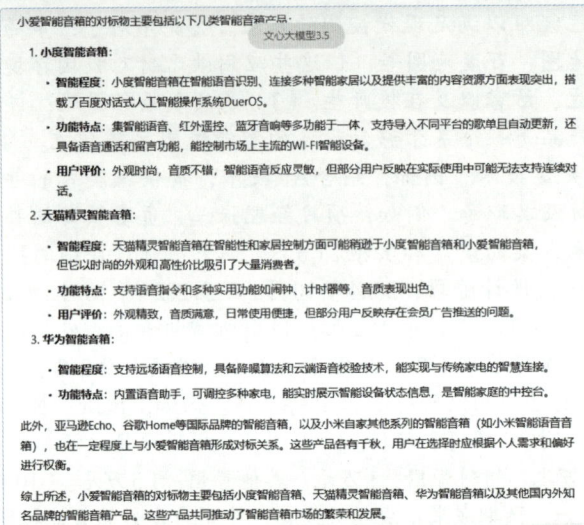

图4-30　产品定位文案初稿

生成的文案如图4-31所示，我们可以看到，文心一言不仅搜索到了亚马逊Echo、小米电视、智能手机、蓝牙音箱、智能家居中心等对标物，还使用相关的定语阐述了小爱智能音箱的功能。通过将这些对标物与小爱智能音箱进行类比，并强调其独特的卖点和优势，可以让消费者直观地了解小爱智能音箱的特点和价值。

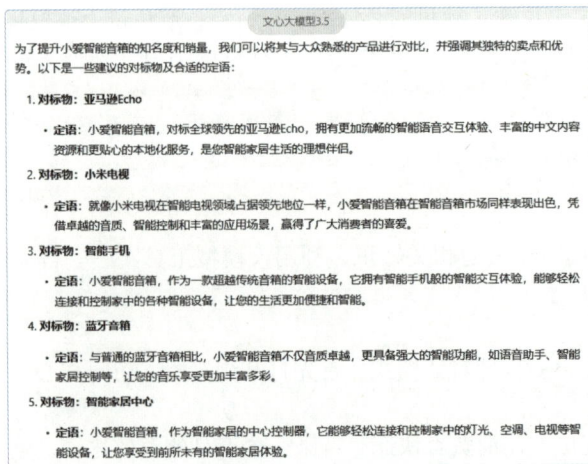

图4-31　产品定位文案优化版

步骤4：介绍产品功能。通过"产品定位"步骤，消费者可对要推广的产品有初步的认识。既然有对标物，为什么消费者要选择这款产品呢？接下来，就要讲出该产品的功能特点，以及相比同类产品的优势。在描述产品功能时，消费者更看重的是性能指标。使用具体的数据描述，才能使消费者更加信任该产品。输入提示词"请介绍小爱智能音箱的功能和特点"，得到初步的产品功能介绍，如图4-32所示。我们可以看出，此时文心一言生成的小爱智能音箱功能介绍比较繁杂，不够精练。

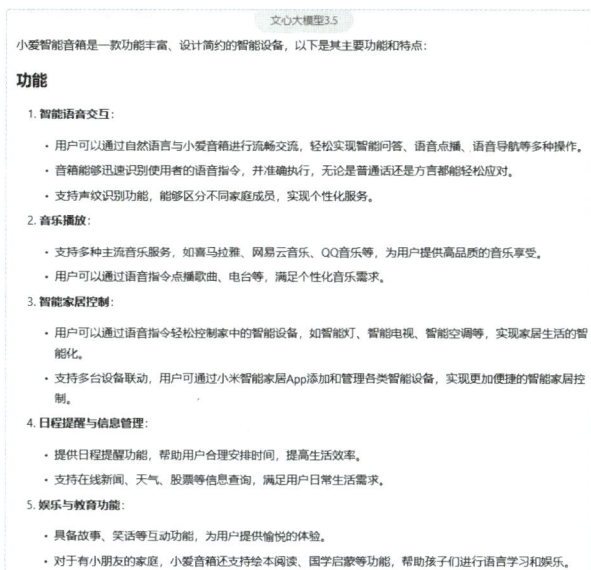

图4-32　产品功能文案初稿

步骤5：采用TAG【Task（任务）、Action（行动）、Goal（目标）】框架来优化提示词，以优化小爱智能音箱产品功能描述。采用TAG框架构建的提示词包含3部分内容。第一，任务：我们的任务是让消费者了解小爱智能音箱的功能和特点。第二，行动：这就需要用具体、简单、信息传达效果较好的句子来描述小爱智能音箱的功能和特点。第三，目标：最终目标是提高消费者对小爱智能音箱的认识，进而提高产品的知名度和销量。优化后的提示词如下。

> 我们的任务是让消费者了解小爱智能音箱的功能和特点，这就需要用具体、简单、信息传达效果较好的句子来描述小爱智能音箱的功能和特点，最终目标是提高消费者对小爱智能音箱的认识，进而提高产品的知名度和销量。小爱智能音箱的功能为：……

生成的文案如图4-33所示。我们可以看到，文心一言对产品功能进行了详细的分点概述，这样可使产品功能更加形象直观，能够提高消费者对小爱智能音箱的认识，进而提高产品的知名度和销量。

步骤6：介绍使用场景。对于使用场景，具有细节和代入感的文案更能打动消费者。在设计产品之初，厂商一定做过市场调研，有了初步的受众群体。如果我们直接让文心一言列出使用场景，可能不够具体，更不会让消费者产生代入感。输入提示词"请列举小爱智能音箱的使用场景"，生成的文案如图4-34所示。我们可以看到，此时文心一言给出的小爱智能音箱的使用场景不具有针对性，也缺少细节描述，不能引起消费者的购买欲望。

步骤7：采用TAG框架来优化提示词，以优化小爱智能音箱应用场景描述。采用TAG框架构建的提示词包括3部分内容。第一，任务：我们的任务是剖析小爱智能音箱的使用场景。第二，行动：这就需要优化小爱智能音箱的使用场景，要求具有代入感、细节描述，并分析消费者如果拥有这款产品会带来那些好处，如果没有这款产品会造成什么困境。第三，目标：最终目标是提高消费者对小爱智能音箱的信任度和需求，帮助提高产品的知名度和销量。优化后的提示词如下。

> 我们的任务是剖析小爱智能音箱的使用场景，这就需要优化小爱智能音箱的使用场景，要求具有代入感、细节描述，并分析消费者如果拥有这款产品会带来哪些好处，如果没有这款产品会造成什么困境，最终目标是提高消费者对小爱智能音箱的信任度和需求，帮助提高产品销量。小爱智能音箱的使用场景为……

生成的文案如图4-35所示。我们可以看到，文心一言已经针对不同人群进行了应用场景描述且采用了"正反论证"，这样有助于提高消费者对小爱智能音箱的信任度和需求，同时也有助于提高产品的销量。

功能精句 文心大模型3.5

1. 智能语音助手：
   · "一句话操控全家，小爱智能音箱，您的私人语音助理。"
2. 音乐播放：
   · "海量音乐随心听，小爱智能音箱，让音乐无处不在。"
3. 智能家居控制：
   · "一声令下，家居尽在掌握，小爱智能音箱，打造智能生活新体验。"
4. 日程提醒与信息查询：
   · "小爱智能音箱，您的生活小秘书，日程提醒、信息查询，一应俱全。"
5. 娱乐与教育：
   · "寓教于乐，小爱智能音箱，陪伴孩子快乐成长。"
6. 通话功能：
   · "蓝牙通话，清晰流畅，小爱智能音箱，让沟通无界限。"

特点精句

1. 设计简约时尚：
   · "简约而不简单，小爱智能音箱，以时尚设计点亮家居。"
2. 续航能力强劲：
   · "持久续航，小爱智能音箱，陪伴您度过每一个精彩时刻。"
3. 音质卓越：
   · "音质清晰，音场宽广，小爱智能音箱，让音乐触动心灵。"
4. 隐私保护：
   · "安全加密，隐私无忧，小爱智能音箱，守护您的每一句指令。"

图4-33 产品功能文案优化版

家庭场景 文心大模型3.5

1. 娱乐休闲：
   · 播放音乐：无论是古典、流行还是电影原声，小爱智能音箱都能呈现出清晰、饱满且富有层次感的声音效果。
   · 观看电影或电视剧：通过语音指令，用户可以轻松控制影片的播放、暂停、快进和后退等功能。
2. 智能家居控制：
   · 控制灯光：用户可以语音指令打开或关闭家中的灯光，甚至调节灯光的亮度和色温。
   · 控制家电：通过小爱智能音箱，用户可以语音控制家中的电视、空调、窗帘等智能设备。
3. 信息查询与日程管理：
   · 查询天气：用户可以随时询问小爱智能音箱当天的天气情况。
   · 设定闹钟和日程：用户可以语音设定闹钟和日程提醒，确保不会错过重要的约会或会议。
4. 亲子互动与教育：
   · 讲故事：小爱智能音箱内置丰富的故事库，可以为孩子讲述各种有趣的故事。
   · 语音互动：孩子可以通过与小爱智能音箱的对话，进行语言学习和互动娱乐。

办公场景

1. 日程提醒：
   · 用户可以语音设定会议提醒，确保不会错过重要的会议。
2. 电话接听与留言：
   · 小爱智能音箱支持电话接听功能，用户可以在忙碌时通过语音指令接听电话或留言。
3. 信息查询：
   · 用户可以随时查询新闻、股票等信息，保持对市场的敏锐洞察。

学习场景

1. 播放学习资料：
   · 用户可以语音指令播放英语、数学、物理等学科的音频资料，方便随时学习。

图4-34 使用场景文案初稿

家庭生活场景：温馨与便捷的完美融合 文心大模型3.5

场景一：清晨的唤醒

想象一个清晨，阳光通过窗帘洒在卧室，小爱智能音箱缓缓播放着您最爱的轻音乐，用温柔的声音提醒您起床。您无须伸手去摸手机，只需轻声一句"小爱同学，早上好"，它便自动关闭闹钟，开始播报今日的天气、新闻摘要和日程安排。拥有小爱智能音箱，您的早晨将不再匆忙，而是充满温馨与期待。

好处： 节省时间，避免错过重要信息，让早晨更加从容。

困境： 没有这款产品，您可能要手动关闭闹钟，查看手机了解天气和新闻，容易打乱早晨的节奏。

场景二：智能家居的便捷控制

傍晚回家，您疲惫不堪，只需一句"小爱同学，打开客厅的灯"，整个房间瞬间亮堂起来。随后，您又吩咐它"播放一首放松的音乐"，悠扬的旋律随即流淌在房间的每个角落。晚餐后，您再次命令"关闭电视，打开卧室的空调"，一切尽在掌控之中。

好处： 简化生活操作，提升家居生活的智能化水平，享受科技带来的便捷。

困境： 没有这款产品，您可能需要逐一手动操作家电，既烦琐又耗时。

办公场景：高效与专注的得力助手

场景一：会议提醒与记录

在繁忙的办公室，您经常需要参加各种会议。小爱智能音箱可以为您设定会议提醒，确保您不会错过任何一个重要会议。同时，它还能记录会议内容，方便您会后整理和总结。

好处： 提高会议参与度，减轻会议记录负担，提升工作效率。

困境： 没有这款产品，您可能需要依赖纸质笔记或电子设备记录，容易遗漏关键信息。

场景二：信息查询与娱乐

工作间隙，您想要了解股市行情或放松一下。小爱智能音箱可以实时为您提供股市信息，或者播放您喜欢的音乐，让您在紧张的工作中找到片刻的宁静。

好处： 随时掌握市场动态，缓解工作压力，提升工作满意度。

困境： 没有这款产品，您可能需要通过计算机或手机查询信息，容易分散注意力，影响工作效率。

图4-35 使用场景文案优化版

步骤8：介绍产品价格。假设产品的价格由我们设定，我们还可以提供一些优惠政策，来吸引消费者按下"购买"键。从心理学角度讲，如果用同等价位的人们司空见惯的产品价格去定价新产品，会更加容易"撬开"消费者的"心理账户"。另外，消费者买到该产品除了满足需求，通常还希望能够得到类似"自我价值实现"的附加价值。输入提示词"根据小爱智能音箱的价格（118元）以及优惠（送价值98元的小爱白金会员），生成吸引消费者的文案"，得到初步的产品价格文案如图4-36所示。我们可以看出，此时文心一言生成的文案很生硬，有一种"催促"买的感觉，使人难以相信。

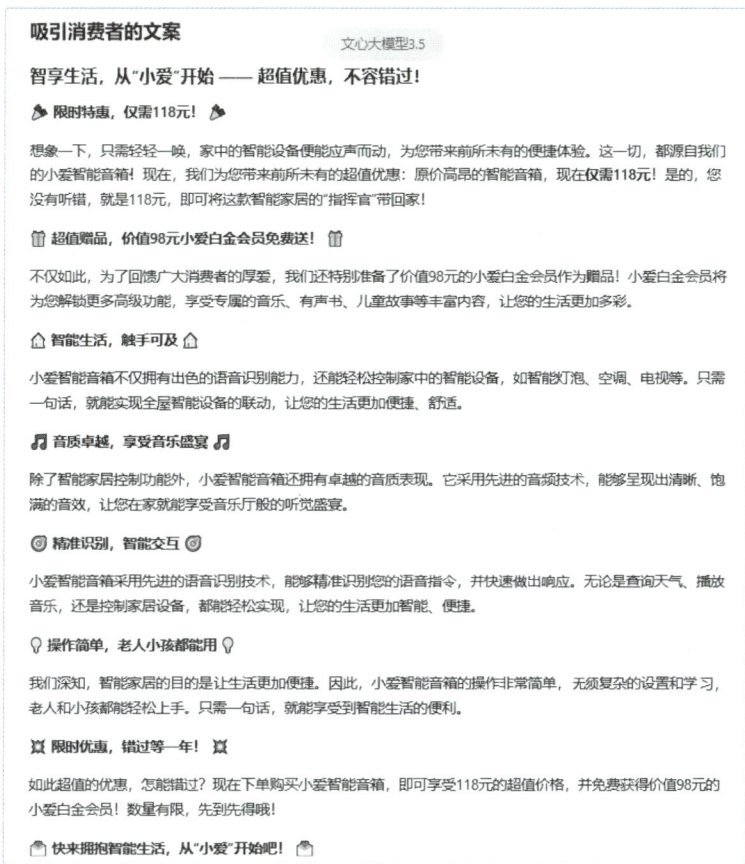

图4-36　产品价格文案初稿

步骤9：采用TAG框架来优化提示词，以优化小爱智能音箱的产品价格文案。采用TAG框架构建的提示词包括3部分内容。第一，任务：我们的任务是吸引消费者购买小爱智能音箱。第二，行动：这就需要根据小爱智能音箱的价格（118元）以及优惠（送价值98元的小爱白金会员）生成吸引消费者的文案，可以采用免费的优惠、自我价值的实现等方式。第三，目标：最终目标是提高产品的吸引力和销量。优化后的提示词如下。

> 我们的任务是吸引消费者购买小爱智能音箱，这就需要根据小爱智能音箱的价格（118元）以及优惠（送价值98元的小爱白金会员）生成吸引消费者的文案，可以采用免费的优惠、自我价值的实现等方式，最终目标是提高产品的吸引力和销量。

生成的文案如图4-37所示。我们可以看到，文心一言已经针对小爱智能音箱的价格以及优惠生成了具有吸引力的文案，可以吸引消费者购买小爱智能音箱，进而提高小爱智能音箱的销量。

步骤10：文案整合。经过前面的诸多步骤，我们已经得到了优化后的产品定位、产品功能、应用场景和产品价格文案。文心一言的一大亮点在于，你输入的提示词越精准、越富有启发性，它生成的结果越优。现在，我们可以通过整合四大模块——产品定位、产品功能、使用场景、产品价格，来打造一篇既浅显易懂又引人入胜的产品推荐文案，激发消费者的购买欲望。优化后的提示词如下。

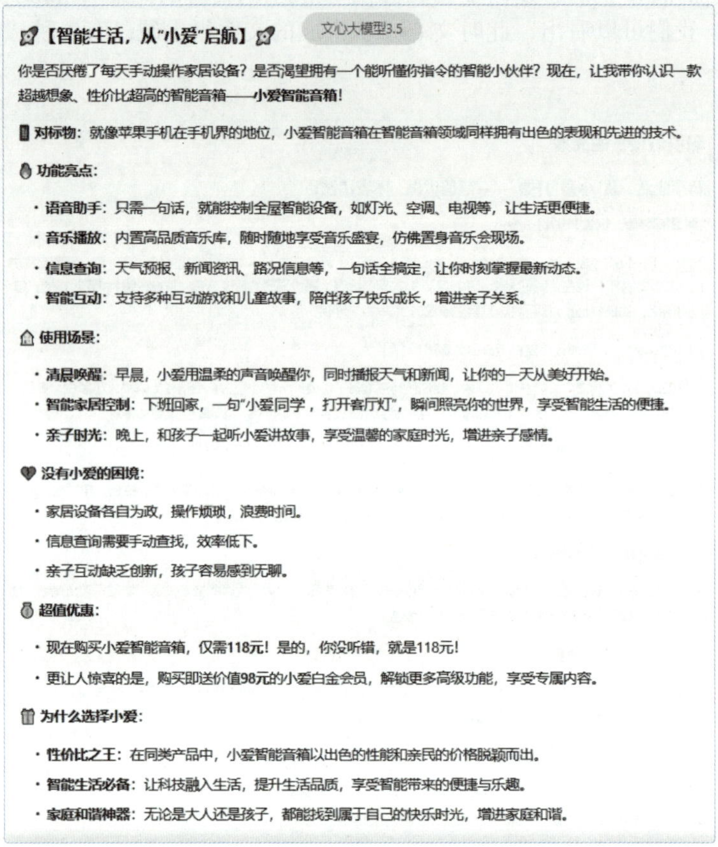

图4-37　产品价格文案优化版

　　请生成一个产品推荐文案，并精简文案，文案以第一人称叙述，文案须满足简洁明了、突出亮点、注重细节、能够引发消费者购买的冲动。文案内容主要包括以下4个方面。（1）产品定位：目前大家都不知道小爱智能音箱是什么，请列出几个大众熟悉的对标物和一些合适的定语，帮助提高产品的知名度和销量，类似的如：荣耀对标手机销售排名前三、拥有出色的屏幕显示效果和先进的拍照技术等创新技术的苹果手机。（2）产品功能：我们的任务是让消费者了解小爱智能音箱的功能和特点，这就需要用具体、简单、信息传达效果较好的句子来优化小爱智能音箱的功能和特点，最终目标是提高消费者对小爱智能音箱的认识，帮助提高产品的知名度和销量。小爱智能音箱的功能为……（3）产品场景：我们的任务是剖析小爱智能音箱的使用场景，这就需要优化小爱智能音箱的使用场景，要求具有代入感、细节描述，并分析消费者如果拥有这款产品会带来哪些好处，如果没有这款产品会造成什么困境，最终目标是提高消费者对小爱智能音箱的信任度和需求，帮助提高产品销量。小爱智能音箱的使用场景为……（4）产品价格：我们的任务是吸引消费者购买小爱智能音箱，这就需要根据小爱智能音箱的价格（118元）以及优惠（送价值98元的小爱白金会员）生成吸引消费者的文案，可以采用免费的优惠、自我价值的实现等方式，最终目标是提高产品的吸引力和销量。

　　生成的文案如图4-38所示。我们可以看到，只需提供口语化的产品功能、应用场景、给定价格和优惠政策等描述，就可以利用文心一言的创作、优化、生成能力，来打造一篇条理清晰、主题明确、充分考虑产品推荐文案书写核心要义的小爱智能音箱推荐文案。

文心大模型3.5

📣 【智能生活，从"小爱"启航】 📣

你是否厌倦了每天手动操作家居设备？是否渴望拥有一个能听懂你指令的智能小伙伴？现在，让我带你认识一款超越想象、性价比超高的智能音箱——**小爱智能音箱**！

📱 **对标物**：就像苹果手机在手机界的地位，小爱智能音箱在智能音箱领域同样拥有出色的表现和先进的技术。

💡 **功能亮点**：

- **语音助手**：只需一句话，就能控制全屋智能设备，如灯光、空调、电视等，让生活更便捷。
- **音乐播放**：内置高品质音乐库，随时随地享受音乐盛宴，仿佛置身音乐会现场。
- **信息查询**：天气预报、新闻资讯、路况信息等，一句话全搞定，让你时刻掌握最新动态。
- **智能互动**：支持多种互动游戏和儿童故事，陪伴孩子快乐成长，增进亲子关系。

🏠 **使用场景**：

- **清晨唤醒**：早晨，小爱用温柔的声音唤醒你，同时播报天气和新闻，让你的一天从美好开始。
- **智能家居控制**：下班回家，一句"小爱同学，打开客厅灯"，瞬间照亮你的世界，享受智能生活的便捷。
- **亲子时光**：晚上，和孩子一起听小爱讲故事，享受温馨的家庭时光，增进亲子感情。

💔 **没有小爱的困境**：

- 家居设备各自为政，操作烦琐，浪费时间。
- 信息查询需要动手查找，效率低下。
- 亲子互动缺乏创新，孩子容易感到无聊。

💰 **超值优惠**：

- 现在购买小爱智能音箱，仅需118元！是的，你没听错，就是118元！
- 更让人惊喜的是，购买即送价值98元的小爱白金会员，解锁更多高级功能，享受专属内容。

🎁 **为什么选择小爱**：

- **性价比之王**：在同类产品中，小爱智能音箱以出色的性能和亲民的价格脱颖而出。
- **智能生活必备**：让科技融入生活，提升生活品质，享受智能带来的便捷与乐趣。
- **家庭和谐神器**：无论是大人还是孩子，都能找到属于自己的快乐时光，增进家庭和谐。

👐 **我的体验**：

自从有了小爱智能音箱，我的生活变得更加便捷和有趣。每天清晨，它用温柔的声音唤醒我；晚上，它陪伴我和孩子一起听故事，享受亲子时光。小爱不仅是一个智能音箱，更是我们家庭的一员，让我们的生活更加丰富多彩。

📣 **快来行动吧**！别让犹豫错过这份美好！点击下方链接，立即拥有小爱智能音箱，开启你的智能生活之旅！

图 4-38　产品推荐文案

第 **5** 章

图片类AIGC应用实践

随着人工智能技术的快速发展，AIGC逐渐成为多个行业的重要工具，尤其在图像生成领域取得了显著进展。通过深度学习和生成对抗网络（generative adversarial networks，GAN）等技术，人工智能可以根据输入的信息自动生成高质量的图像。这些图像不仅可以用于艺术创作、广告设计、虚拟人物生成等方面，还在医疗、娱乐等行业中发挥了越来越重要的作用。本章将通过一系列实验，帮助读者了解图片类AIGC的实际应用。

5.1 实验目的

（1）掌握如何利用AIGC生成艺术作品并优化图像效果。
（2）了解AIGC在艺术创作和图像增强领域的应用场景。
（3）体验AIGC为艺术创作和图像处理带来的便捷与创新。

5.2 实验环境

5.2.1 环境需求

（1）操作系统：Windows 7及以上。
（2）浏览器：Edge、360、FireFox、Chrome等浏览器。
（3）大模型工具：即梦AI、百度AI图片助手、魔搭社区AI老照片修复、豆包。

5.2.2 大模型工具介绍

即梦AI是字节跳动旗下的一站式AI创意创作平台，支持通过自然语言及图片输入生成高质量的图像及视频。它拥有智能画布、故事创作模式、AI编辑能力等丰富功能，并提供海量影像灵感及兴趣社区。即梦AI旨在降低创意门槛，激发用户的想象力，推动创意产业发展，适用于内容创作者、设计师、视频制作人及有创作需求的普通用户。

百度AI图片助手是百度推出的智能图像处理工具，支持在线编辑和美化图片。它拥有一系列免费的AI图片处理功能，如去水印、画质修复、智能抠图、背景替换、局部替换、AI扩图、风格转换等，能够轻松应对日常照片美化和专业设计的精细调整需求。用户只需上传图片并选择所需功能，即可快速实现高质量的图像处理。

魔搭社区AI老照片修复是阿里巴巴推出的智能修复工具。它基于先进的AI技术，可以一键修复、翻新并上色老照片，同时拥有去噪、色彩增强等功能。用户只需上传照片，选择相应的修复选项，即可实现清晰、色彩鲜艳的老照片修复效果。

豆包是字节跳动公司基于云雀模型开发的AI工具，提供聊天机器人、写作助手以及英语学习助手等功能，它可以回答各种问题并进行对话，帮助人们获取信息，支持网页Web平台、Windows/macOS电脑版客户端、iOS以及安卓平台。

5.3 实验内容

5.3.1 创意图片生成

1. 任务描述

使用即梦AI，根据给定的主题或描述生成具有创意和艺术感的图片，并探索不同提示词对生成结果的影响。

2. 实验步骤

步骤1：打开即梦AI。通过浏览器访问即梦AI官方网站，注册并登录后，进入图5-1所示首页。

图5-1　即梦AI首页

步骤2：进入创作页面。单击页面上方"AI作图"栏里的"图片生成"按钮，进入"图片生成"创作页面，如图5-2所示，创作主要分为图片生成和视频生成。接下来将对图片生成的具体操作进行介绍。

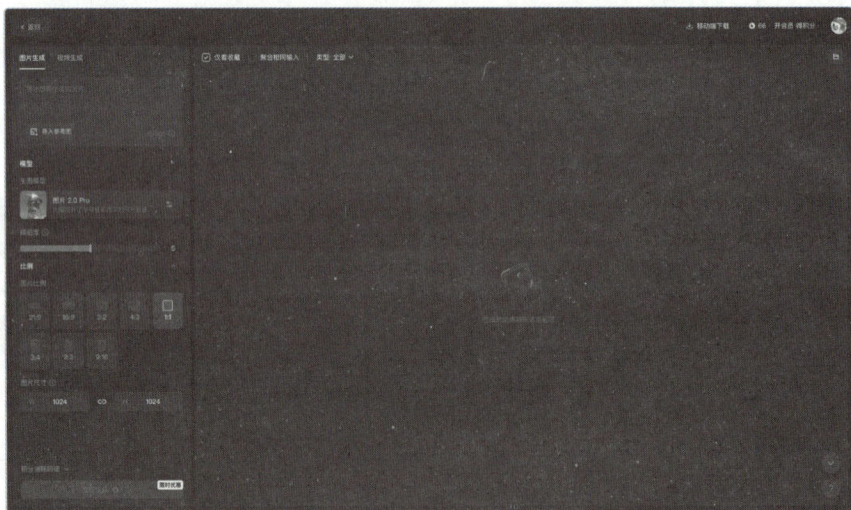

图5-2　"图片生成"创作页面

步骤3：确定主题与提示词。首先选择一个主题，如"梦幻森林中的精灵聚会"。然后编写不同详细程度的提示词，比如，可以使用提示词"一片充满神秘气息的梦幻森林，树木高大且闪烁奇异光芒，精灵们身着华丽服饰在森林空地上举办热闹聚会，有魔法元素环绕"，也可以使用比较简单的提示词"梦幻森林，精灵聚会"。

步骤4：生成图片。在左侧的提示词文本框中描述想要生成的图片，首先输入简略提示词"梦幻森林，精灵聚会"，设置生图模型为"图片2.0 Pro"，精细度为"5"，图片比例为"16:9"，图片尺寸为1024像素×576像素，如图5-3所示。

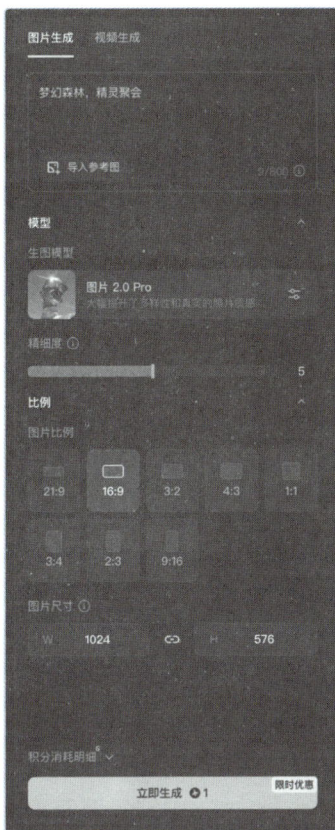

图 5-3　输入提示词并进行相关设置

　　单击"立即生成"按钮，稍等片刻后，在图片生成区就可以看到生成的 4 张图片，如图 5-4 所示。

图 5-4　使用简略提示词生成的图片

　　接下来，使用较为详细的提示词："一片充满神秘气息的梦幻森林，树木高大且闪烁奇异光芒，精灵们身着华丽服饰在森林空地上举办热闹聚会，有魔法元素环绕"。重复上述生成步骤，相关参数设置保持一致，可以看到生成了 4 张新图，如图 5-5 所示。

图 5-5　使用较为详细的提示词生成的图片

接着，使用更加详细的提示词，具体如下。

在一片弥漫着古老魔法与无尽神秘气息的梦幻森林深处，高耸入云的树木仿佛直插天际，它们的树干上缠绕着散发柔和蓝光的藤蔓，树叶则在微风中轻轻摇曳，闪烁着翠绿与银白交织的奇异光芒。月光透过稀疏的树冠，洒下斑驳陆离的光影，为这片森林增添了几分幽静与奇幻。

森林的中心地带，一块被精心清理过的空地上，正在举办一场热闹非凡的精灵聚会。精灵们身着用自然界最绚烂色彩编织而成的华丽服饰，有的裙摆轻拂过地面，如同绽放的花朵；有的则佩戴由露珠和星辰碎片制成的饰品，在灯光下熠熠生辉。他们的笑声清脆悦耳，与远处小溪潺潺的水声交织成一首动人的乐章。

聚会中，各式各样的魔法元素无处不在。空中漂浮着几个小巧的魔法灯笼，它们自动排列成各种图案，为聚会提供柔和而神秘的光源。一些精灵手持魔法杖，轻轻一挥便能召唤出绚烂的烟花或是让周围的花朵瞬间绽放。更有精通音律的精灵，以魔法为弦，弹奏出能触动心灵深处的旋律，让整个森林都为之动容。

重复上述生成步骤，相关参数设置保持一致，生成的新图如图5-6所示。

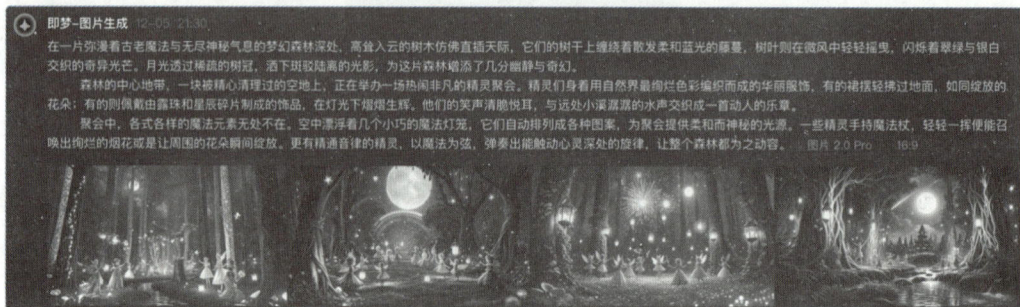

图5-6   使用更加详细的提示词生成的图片

步骤5：结果分析与对比。观察并对比使用上述几种提示词生成的图片。从画面丰富度、元素契合度、艺术感染力等方面进行评估。分析提示词的详细程度、描述准确性如何影响生成图片的质量和内容呈现。从3种提示词的生成结果中分别选取一张较为满意的图片进行对比，如图5-7所示。

图5-7   3种提示词生成的图片对比

5.3.2 AI修图与老照片修复

1．任务描述
使用百度AI图片助手对一张普通照片进行修图优化，再使用魔搭社区AI老照片修复对一张有损坏的褪色的老照片进行修复，对比修图前后效果并分析不同的修复策略。

2．实验步骤
步骤1：打开百度AI图片助手。通过浏览器访问百度图片官方网站，进入百度图片首页，如图5-8所示。

图 5-8　百度图片首页

单击页面右上角的"登录"按钮，注册并登录成功后，在搜索框下方的 AI 创作工具区域单击需要的功能选项，如"变清晰"，即可进入百度 AI 图片助手页面，如图 5-9 所示。

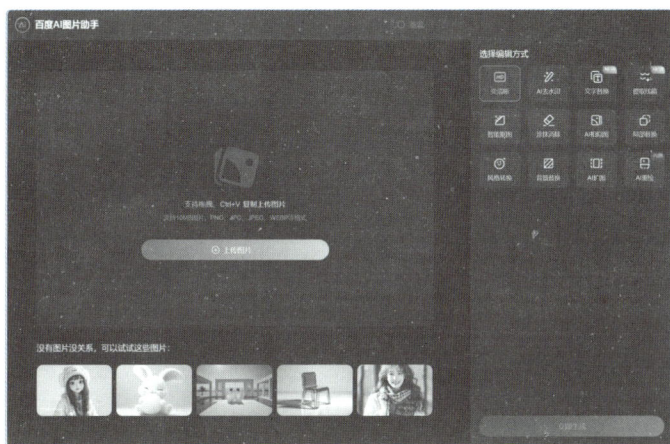

图 5-9　百度 AI 图片助手页面

步骤 2：上传照片。单击页面中间的"上传图片"按钮，上传一张普通人物照片（可以从本书资源平台下载该照片），照片存在光线较暗、清晰度不够等问题，如图 5-10 所示。

步骤 3：照片修图。上传完毕后，百度 AI 图片助手默认使用"变清晰"功能，自动生成效果图，如图 5-11 所示。

图 5-10　普通人物照片

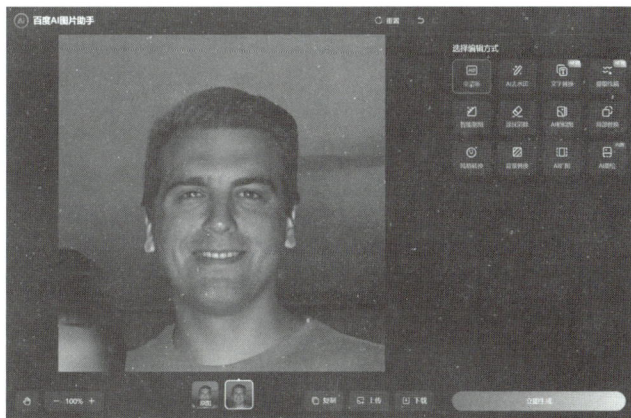

图 5-11　上传照片后应用"变清晰"功能

步骤4：保存图片。画质增强后，照片亮度提高，人物面部更清晰，色彩饱和度增加，并且百度AI图片助手使用细节增强算法突出了头发和眼睛等部位的细节。如果对效果满意，单击右下方的"下载"图标即可进行保存。修图后的人物照片如图5-12所示。

图5-12　修图后的人物照片

步骤5：打开魔搭社区AI老照片修复。通过浏览器访问魔搭社区AI老照片修复官方网站，进入图5-13所示页面。

图5-13　AI老照片修复页面

步骤6：上传老照片。首先单击页面中间的"登录"按钮进行注册并登录，然后单击页面左侧的"点击上传"区域，上传一张黑白老照片（可以从本书资源平台下载该照片），如图5-14所示。

图5-14　黑白老照片

步骤 7：修复老照片。上传图片后，将页面左侧的"重新上色""应用图像去噪""应用色彩增强"均设置为"是"，再单击"一键修复"按钮，观察照片在色彩、去噪等方面的变化，如图 5-15 所示。

图 5-15　老照片修复

步骤 8：保存图片。进行重新上色、去噪和色彩增强操作后，照片色彩更加生动，同时 AI 老照片修复使用 AI 算法突出了老照片中人物的面容、服饰等细节。如果对效果满意，可单击效果图右上角的"下载"图标进行保存。修复后的老照片如图 5-16 所示。

图 5-16　修复后的老照片

5.3.3 图片高清化与扩展

1. 实验任务

使用百度 AI 图片助手对一张尺寸较小且分辨率较低的图片进行扩展并提高其清晰度。

2. 实验步骤

步骤 1：打开百度 AI 图片助手。如之前的实验操作一样，打开百度 AI 图片助手页面，上传一张 300 像素 × 200 像素的尺寸较小的山区风景图（可以从本书资源平台下载该图片），图片存在模糊和锯齿现象，如图 5-17 所示。

图 5-17　低分辨率的山区风景图

步骤 2：高清化和扩展图片。上传图片后，百度 AI 图片助手默认进行一次 "变清晰" 操作，可以看到图片变清晰了。在页面右侧选择 "AI 扩图" 选项，选择拓展比例为 "1∶1"，如图 5-18 所示。

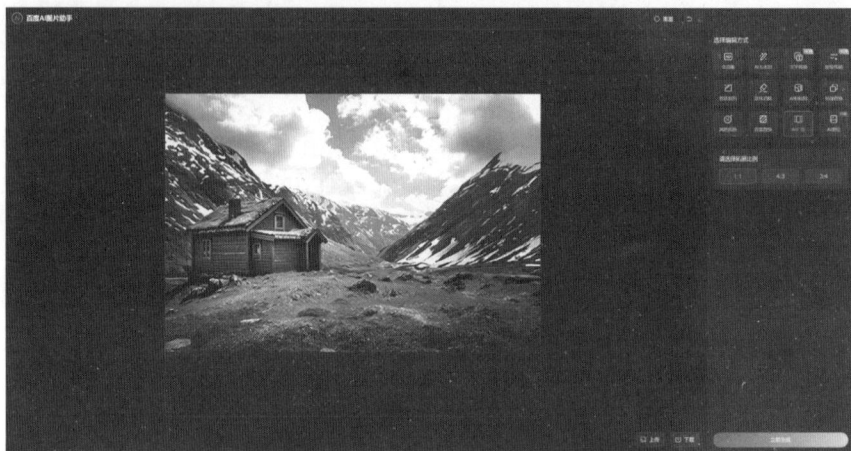

图 5-18　对 "变清晰" 后的图片进行 "AI 扩图" 操作

步骤 3：保存图片。单击页面右下方的 "立即生成" 按钮，稍等片刻后，单击 "下载" 按钮，可得到一张 1024 像素 × 1024 像素的 AI 扩展图，如图 5-19 所示。

图 5-19　经过高清化和扩展的山区风景图

5.3.4 智能抠图与图片融合

1. 实验任务

利用即梦AI分别对两张图片进行智能抠图，再将抠出的主体进行创意融合，探索不同叠加方式和抠图精度对融合效果的影响。

2. 实验步骤

步骤1：打开即梦AI的智能画布页面。通过浏览器访问即梦AI官方网站，进入图5-20所示页面。

图5-20　即梦AI智能画布页面

步骤2：上传人物图片。单击页面左侧的"上传图片"按钮，上传需要去除背景的图片，此处选择一张小女孩骑单车的图片（可以从本书资源平台下载该图片），如图5-21所示。

步骤3：抠图。图片上传后，单击照片上方的"抠图"按钮，智能画布将自动识别人物主体区域，再单击下方的"抠图"按钮，即可实现智能抠图功能，如图5-22所示。

图5-21　小女孩骑单车

图5-22　智能画布自动识别人物主体区域

步骤4：保存图片。我们可以观察智能画布自动识别并抠取人物主体的效果，通过缩放图片来检查人物边缘是否存在毛边或误抠现象。比如，我们可以看到小女孩的头发并没有被完整抠取，这时可以选择图片上方功能区的"画笔""橡皮擦"等功能进行调整，如果对抠图效果满意，可以单击"完成编辑"按钮，再单击右上角的"导出"按钮保存图片，最终效果如图5-23所示。

步骤5：上传风景图片。单击左侧的"上传图片"按钮，上传需要作为背景的图片，此处上传一张日落沙滩的图片（可以从本书资源平台下载该图片），如图5-24所示。

步骤6：调整图层。首先，选中"图层2"，单击图片上方功能区的"画板适应内容"图标。然后，拖动右侧图层区域中的"图层1"到"图层2"之上，使人物在风景之上，通过缩放人物大小，使其和背景的比例尽量协调，如图5-25所示。

图 5-23　智能抠图效果

图 5-24　日落沙滩

图 5-25　将人物图层置顶并调整其大小和位置

　　步骤 7：图片融合。单击图片上方功能区的"融图"按钮，此时，系统会提示选择需要融合的前景图层和背景图层，这里选择人物图片作为前景，风景图片作为背景。也可以在图片下方的输入框写入提示词，描述想要的色调和光影，如图 5-26 所示。

　　接着，单击图片下方的"立即融图"按钮，等待作品生成，系统将智能生成 4 张融合后的效果图。选择一张比较满意的图片，如图 5-27 所示，单击"完成编辑"按钮，再单击右上方的"导出"按钮，即可进行保存。

　　步骤 8：结果分析与创意探索。不同的图片叠加算法和抠图精度对最终合成图片的效果会产生影响，即梦 AI 可以智能地处理这些问题。我们可以尝试不同的图片组合和融合创作，如将多个抠取元素进行复杂的合成，进一步挖掘智能抠图与图片融合在创意制作中的潜力。

图 5-26　图片融合

图 5-27　图片融合效果图

5.3.5　涂抹消除与局部重绘

1. 实验任务

使用即梦 AI 对一张有瑕疵和不需要某些元素的图片进行涂抹消除，并利用局部重绘功能对图片特定区域进行创意修改，观察不同涂抹参数和编辑策略对图片效果的影响。

2. 实验步骤

步骤 1：打开即梦 AI 的智能画布页面。通过浏览器打开即梦 AI 智能画布页面，和之前的实验操作一样，上传一张有背景污渍、小动物和水印的产品图片（可以从本书资源平台下载该图片），如图 5-28 所示。

单击页面上方功能区的"画板适应内容"按钮，使产品图片铺满整个画布，如图 5-29 所示。

图 5-28　待处理的产品图片

图 5-29　画板适应内容

步骤2：涂抹消除。单击页面上方功能区的"消除笔"图标，设置涂抹画笔大小为"30"。对图片右下角的水印文字进行涂抹，涂抹好后，单击图片下方的"消除"按钮，如图5-30所示。

图5-30　消除水印

继续使用涂抹画笔，对图片里的小猫和背景墙面上的污渍进行涂抹消除，如图5-31所示。

图5-31　用涂抹画笔涂抹消除小猫和污渍

单击"细节修复"和"HD超清"功能选项，最终得到图5-32所示效果。需要注意的是，"细节修复"功能会改变物体原貌，请酌情使用。

图 5-32　使用"细节修复"加"HD 超清"功能前后对比图

　　步骤 3：局部重绘。单击页面上方功能区中的"局部重绘"图标，默认选择的是画笔样式，我们可以用画笔在图片中勾画出需要重绘的区域，也可以单击"快速选择"图标后，再单击图片中的背景墙区域，系统将自动选取整个背景墙作为重绘区域。接下来，我们就可以发挥自己的创意，在下方的文字输入框中输入"花朵随风飘落"，描述想要重新绘制的内容；还可以通过修改重绘程度参数，观察不同重绘程度对图片整体视觉焦点和氛围营造的影响，如图 5-33 所示。

图 5-33　选择局部重绘区域并调整重绘程度

　　输入"花朵随风飘落"提示词并单击"发送"按钮后，系统会智能生成 4 张效果图，如图 5-34 所示。

图 5-34 局部重绘效果图

步骤 4：优化处理。这里可以选择图 5-34 中第 4 张图片，但此图片中的分界线太明显，导致图片不太美观，我们可以继续对该图片进行涂抹消除，还可以使用"细节重制"和"HD 超清"功能对图片进行优化处理。原始图片和经过涂抹、重绘等处理后的效果图对比如图 5-35 所示。

图 5-35 原始图片和经过涂抹、重绘等处理后的效果图对比

步骤 5：效果整合与评估。将最终得到的效果图与原始图片进行对比，从图片的整洁度、创意元素添加效果、视觉吸引力等方面进行评估，总结不同涂抹参数和局部重绘策略在处理图片瑕疵和添加创意效果方面的实用性与灵活性，思考如何根据不同的图片需求合理运用这些功能。

5.3.6 AI 绘画艺术创作

1. 任务描述

利用豆包平台的 AI 绘画功能，以"水乡小镇的日常生活"为主题，创作 4 种风格的艺术作品。通过输入具体提示词和调整绘画风格，探索 AI 在表现真实生活细节和文化氛围中的潜力。这 4 种风格可以为写实风格、中国工笔画风格、摄影风格和动漫风格。

2. 实验步骤

步骤1：打开豆包平台"图像生成"功能页面。通过浏览器访问豆包平台官方网站，进入图5-36所示页面。

图5-36　豆包平台"图像生成"功能页面

步骤2：生成写实风格的作品。在提示词输入框中输入"江南水乡的小镇，清晨薄雾笼罩，小桥流水，白墙黛瓦的房屋倒映在河面上，居民划着小船，街边有小贩叫卖，画面真实而富有生活气息。写实风格，细节级别高，中等色彩饱和度。"，单击提示词输入框右侧的"发送"按钮，等待作品生成，系统会自动生成4张效果图，如图5-37所示。

图5-37　生成写实风格的作品

步骤3：生成中国工笔画风格的作品。在提示词输入框中输入"江南水乡，小桥流水人家，白墙黛瓦，居民划着乌篷船，画面线条细腻，色彩淡雅，展现传统水乡之美。中国传统工笔画风格，线条精细度高，色彩层次清新淡雅。"，单击提示词输入框右侧的"发送"按钮，等待作品生成，系统会自动生成4张效果图，如图5-38所示。

图5-38 生成中国工笔画风格的作品

步骤4：生成摄影风格的作品。在提示词输入框中输入"江南水乡小镇，清晨薄雾中，小桥流水，居民划船而过，街巷安静，小贩开始摆摊，场景如同摄影作品般真实。摄影风格，光影效果：晨光柔和。细节刻画：真实细腻。画面比例：16:9（增强摄影感）。"，单击提示词输入框右侧的"发送"按钮，等待作品生成，系统会自动生成4张效果图，如图5-39所示。

图5-39 生成摄影风格的作品

步骤5：生成动漫风格的作品。在提示词输入框中输入"江南水乡的小镇，小桥流水，乌篷船轻轻划过河面，居民与小贩互动，场景色彩明亮，线条简洁，画面具有卡通感和故事性，适合用作插图。线条风格：清晰明快。色彩饱和度：高。氛围效果：轻松生动。画面比例：4:3"，单击提示词输入框右侧的"发送"按钮，等待作品生成，系统会自动生成4张效果图，如图5-40所示。

图 5-40　生成动漫风格的作品

5.3.7　真实照片转成二次元风格

1. 任务描述

利用豆包平台的图像生成功能，通过选择二次元风格转换选项，将上传的真实照片生成对应的二次元风格照片。

2. 实验步骤

步骤 1：打开豆包平台"图像生成"功能页面。通过浏览器访问豆包平台官方网站，进入图 5-36 所示页面。

步骤 2：上传人物摄影照片。单击提示词输入框左下方的"参考图"按钮，上传一张人物摄影照片（可以从本书资源平台下载该照片），如图 5-41 所示。

图 5-41　人物摄影照片

　　步骤3：选择风格并补充提示词。 上传完毕后，单击提示词输入框下方的"风格"按钮，在弹出的风格选项中选择"二次元"。我们还可以在提示词输入框中补充更多的提示词，如"喝咖啡的少女，超高画质，多重细节，比例9∶16"，如图5-42所示。

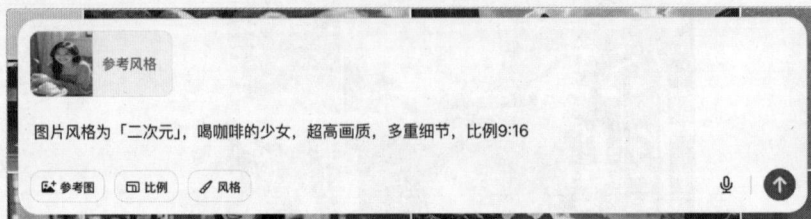

图5-42　选择"二次元"风格并补充提示词

　　单击提示词输入框右侧的"发送"按钮，等待作品生成，系统会自动生成4张效果图，如图5-43所示。

图5-43　生成"二次元"风格的作品

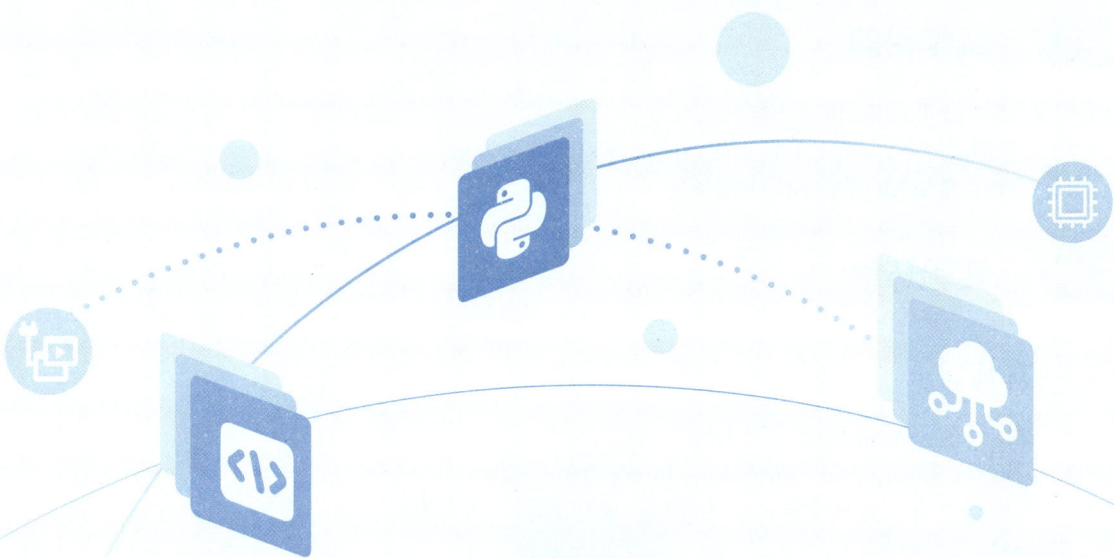

第 6 章

语音类AIGC应用实践

应用语音类AIGC技术不仅能够模拟人类语音，还能生成自然流畅的对话和音频内容，极大地丰富了人机交互的方式和体验。本实验旨在让读者掌握语音类AIGC的基本应用方法、开发工具及实施流程，为后续深入研究和应用打下坚实基础。

6.1 实验目的

（1）了解语音类AIGC的基本应用方法。

（2）掌握使用不同大模型工具生成高质量音频内容的方法。

（3）了解语音类AIGC的不同应用场景。

6.2 实验环境

6.2.1 环境需求

（1）操作系统：Windows 7及以上。

（2）浏览器：Edge、360、FireFox、Chrome等浏览器。

（3）大模型工具：喜马拉雅音频大模型、腾讯智影、米可智能、鬼手剪辑（GhostCut）、网易天音、DeepMusic、豆包。

6.2.2 大模型工具介绍

喜马拉雅音频大模型是第四代多情感演绎、超自然表达的音频生成大模型。该大模型是珠峰AI团队基于自研文本音频联合建模的大语言模型（large language model，LLM）框架，在同一空间向量表征下实现音频与文本的联合建模训练。喜马拉雅音频大模型具备15s音色克隆功能和声音转换功能，并且支持超拟人、多情感、对齐人类偏好的语音生成，以及高可控风格和副语言能力等功能。这里的副语言是指非语言成分，包括音质、音量、音调、语速、停顿、语调、重音、非语言声音、话语节奏、口音、发音、口头标记和语义表情等，它会影响沟通效果。掌握副语言能提升沟通能力。

腾讯智影是一款云端智能音视频创作工具，用户无须下载，可通过浏览器直接访问。其具备文本配音、视频剪辑、素材库、数字人播报、自动字幕识别等功能，可帮助用户更好地进行音视频创作。其中，文本配音功能可将文本直接转换为语音。腾讯智影提供了近百种仿真声线，应用风格涵盖视频配音、新闻播报、内容朗诵等诸多场景。

米可智能是一款国产的在线音频克隆软件，提供由人工智能驱动的一站式视频翻译、声音克隆等服务，用户仅需上传5～10s的音视频素材，其在半分钟内即可克隆声音。米可智能提供的每个音色支持15种语言，它还可精准复制原语音的语气、情感等特征，适用于视频翻译、AI配音等场景。

鬼手剪辑是一款基于人工智能技术的智能视频剪辑工具，支持智能去文字、视频去重、语音翻译等功能，旨在帮助用户提高视频处理速度并提升视频创作质量。通过鬼手剪辑，用户可以轻松去除视频中的字幕，保持视频的原汁原味。该工具还可以将视频中的语音或字幕翻译成其他语言，并重新配音和擦除原字幕，打破语言障碍，扩大视频的传播范围。

网易天音是一站式AI音乐创作工具，具备智能编曲、词曲编唱、海量风格一键渲染等功能，能帮助用户快速创作属于自己的歌曲。

DeepMusic是由清华大学的科技团队出品的一款人工智能音乐工具，旨在运用人工智能技术从作词、作曲、编曲、演唱、混音等方面降低音乐创作难度及制作门槛。该科技团队推出了"和弦派""口袋乐队""BGM猫""LYRICA""LAZYCOMPOSER"5项应用，其中"BGM猫"面向普通用户，可以帮助用户生成可商用和个人使用的配乐。

豆包是字节跳动公司基于云雀模型开发的AI工具，提供聊天机器人、写作助手、英语学习助手和音乐生成等功能，它可以回答各种问题并进行对话，帮助人们获取信息。在音乐生成功能板块，用户只需输入主题或自己写的歌词，设定好音乐风格、情绪及音色，豆包便能快速生成一首时长约1min的歌曲，这使每个人都能体验音乐创作和表达的乐趣。目前，豆包的音乐生成功能板块提供民谣、嘻哈、R&B等11种音乐风格，还涵盖爵士、雷鬼、电音等曲风，用户可选择男声或女声演唱。同时，为让AI音乐更加贴合普通用户的情感表达，豆包预设了快乐、伤感等多种情绪状态。借助豆包，用户可以创作具有个人属性的音乐。

6.3　实验内容

6.3.1　使用喜马拉雅音频大模型进行文本配音

1. 任务描述

借助喜马拉雅音频大模型将文本内容自动转换为高质量的音频。

2. 实验步骤

步骤1：登录喜马拉雅音频大模型平台。通过浏览器访问喜马拉雅音频大模型官方网站，进入图6-1所示的登录页面。如果已有喜马拉雅账号，可单击页面顶部的"登入"按钮，在弹出的界面中输入用户名和密码进行登录，或者使用第三方账号（如微信、QQ等）扫码登录。若尚未注册，则单击"注册"按钮并按照提示完成账号创建。

图6-1　喜马拉雅音频大模型登录页面

步骤2：输入音频创作文本。登录后，在平台的首页找到创作音频入口，如图6-2所示。单击"去创作音频"按钮，开始文本转音频。页面中有一个文本输入框，在此处粘贴或输入想要转换成音频的文本内容，如图6-3所示，要确保文本内容清晰、准确，符合创作需求。

图6-2　喜马拉雅音频大模型创作音频入口

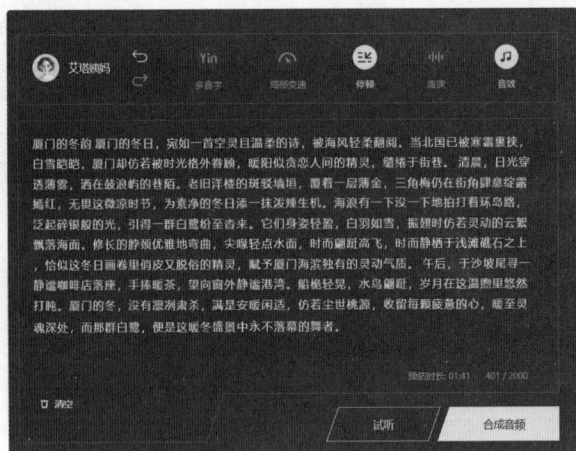

图6-3 输入音频创作文本

步骤3：选择音频风格。页面左侧有各种音频风格可供选择，包括但不限于标准男声、标准女声、情感朗读、新闻播报、赛事解说等。在文本输入完成后，可单击每种风格旁边的试听按钮，聆听不同风格的音频样本，根据需求选择最合适的音频风格，如图6-4所示。同时，还可以根据需要调整局部变速、停顿、多音字等参数，以满足个性化需求。

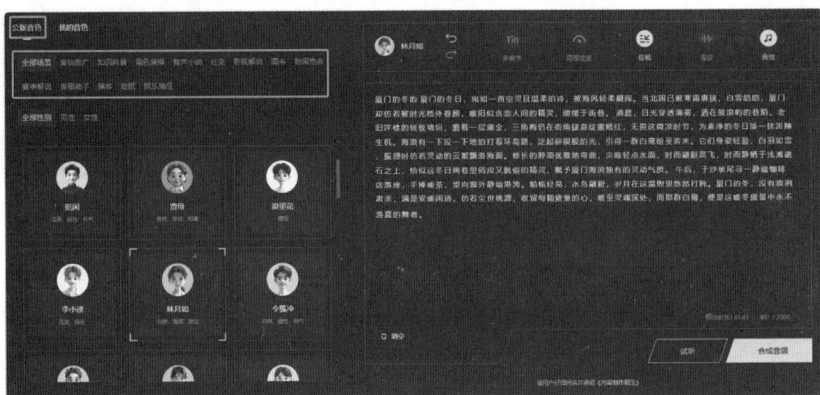

图6-4 选择音频风格

步骤4：生成并下载音频。选择好音频风格并调整完参数后，单击"合成音频"按钮。系统开始将文本转换为音频，处理时间长短取决于文本长度和系统负载。生成音频文件后，单击"下载"按钮，可下载MP3格式的音频文件，如图6-5所示。最后，播放生成的音频文件，检查音质和内容是否符合预期。如有需要，可以根据检查结果调整文本或音频风格，重新生成音频文件。

图6-5 下载生成的音频文件

6.3.2 使用腾讯智影进行文本配音

1. 任务描述

借助腾讯智影将文本内容自动转换为高质量的音频。

2. 实验步骤

步骤1：登录腾讯智影平台。通过浏览器访问腾讯智影官方网站，进入图6-6所示页面。单击"登录"按钮，在弹出的界面中，可使用微信登录、手机号登录或QQ登录，任选一种方式登录，也可以选择使用账号密码登录，按照提示完成账号的创建。

图6-6　腾讯智影平台登录页面

步骤2：输入文本内容。登录后，在平台的首页找到文本配音的入口，如图6-7所示。单击"文本配音"按钮，开始文本转音频。在图6-8所示页面中，有一个文本输入框，支持8000字以内的文本输入，可以在此处粘贴或输入想要转换成音频的文本内容（见图6-9），也可以通过导入文件的方式来输入文本内容，导入的文件支持.doc、.docx和.txt等多种格式。需要注意的是，要确保文本内容清晰、准确，符合创作需求。

图6-7　腾讯智影文本配音入口

图6-8　音频创作文本输入页面

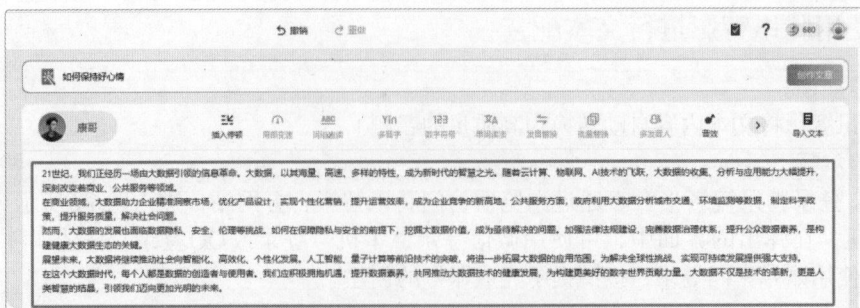

图 6-9 在文本输入框中输入文本

步骤3：选择音色。输入文本后，在页面左侧的工具栏中单击"选择音色"按钮，进入全部主播的音色选择页面，如图6-10所示。可以单击"全部场景"菜单里的不同场景，选择合适的音色和配音主播，也可以通过音色搜索框来搜索适配的音色，用这个音色完成配音。其中，在音色场景的选择上，腾讯智影支持的场景包括但不限于对话闲聊、新闻资讯、影视综艺、知识科普、游戏动漫、生活vlog纪录片等，而且支持多语种配音。可单击每种音色的主播配音进行试听，聆听不同风格的音频样本，根据需求选择最合适的音色。本次配音选择"热门"场景中的"康哥-亲切中正青年男音"音色，如图6-11所示。同时，可以根据需要在文本框上方工具栏中调整主播语速、音量等参数，以满足文本配音需求。

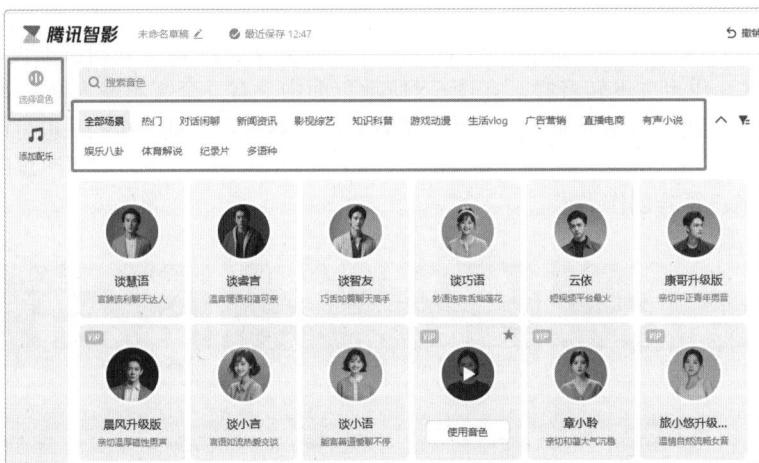

图 6-10 音色选择页面

图 6-11 选择合适的音色

需要特别说明的是，部分 VIP 主播的音色需要充值或成为会员才可以使用，这里选择非 VIP 主播音色，可以免费配音。

步骤 4：试听与微调。选择好音色后，单击文本框下方的"试听"按钮，试听配音效果，还可以对"插入停顿""局部变速""词组连读""多音字""发音替换"等参数进行微调，让配音效果更加生动，如图 6-12 所示。

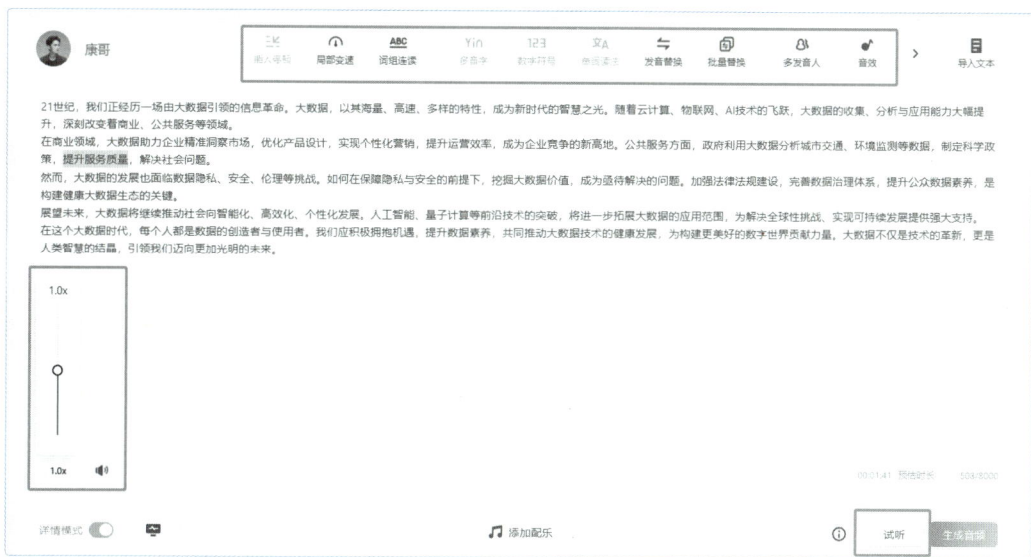

图 6-12　试听和微调配音参数

步骤 5：添加配乐。单击文本框左侧的"添加配乐"按钮，为文本添加配乐，并调整背景音乐的音量至合适大小，如图 6-13 所示。

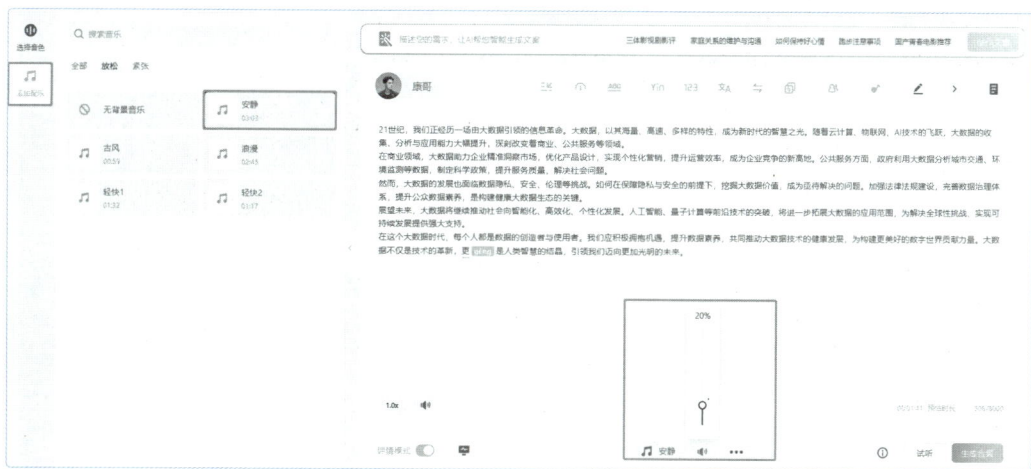

图 6-13　添加配乐

步骤 6：生成并下载音频。调整完配音参数并添加配乐后，单击"生成音频"按钮（见图 6-14），即可完成音频的生成。生成音频文件后，如图 6-15 所示，可以单击剪刀形按钮，在弹出的界面（见图 6-16）中进行在线音频剪辑；也可以直接单击"下载"按钮，下载 MP3 格式的音频文件。最后，播放生成的音频文件，检查音质和内容是否符合预期。如有需要，可以根据需求调整文本或音色风格，重新生成音频文件。

图6-14 生成音频

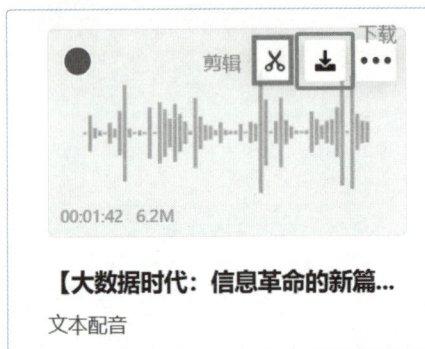

图6-15 剪辑和下载音频按钮

图6-16 在线剪辑生成的音频

6.3.3 使用米可智能进行声音克隆

1. 任务描述

借助米可智能可以实现声音克隆，定制专属音色，并使用定制音色将文本内容自动转换为高质量的音频。

2．实验步骤

步骤1：登录米可智能平台。通过浏览器访问米可智能官方网站，进入米可智能平台登录页面，如图6-17所示。单击"登录/注册"按钮，在弹出的界面中，可使用微信扫码登录或手机号登录，任选一种方式登录即可。登录成功后，单击"免费试用"按钮，进入AI创作音视频功能页面。

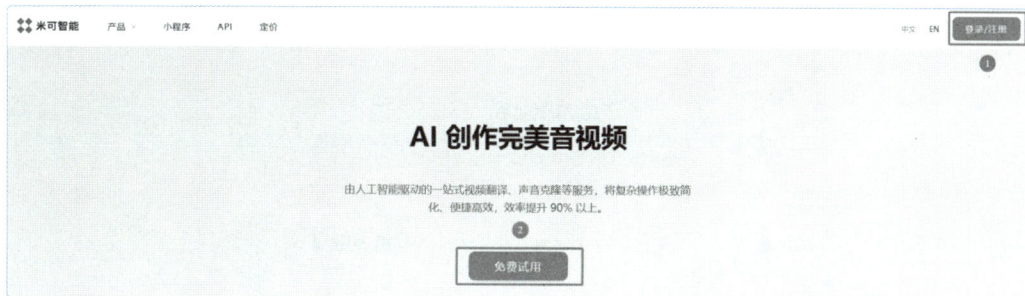

图6-17　米可智能平台登录页面

步骤2：上传音频素材。进入AI创作音视频功能页面后，找到声音克隆入口，如图6-18所示，单击"声音克隆"按钮，开始定制个性化的音色。在图6-19所示页面选择"即时克隆"，在"音色名称"下方的文本框中输入音色名称，接着上传音视频或直接录音，要确保只包含1个目标音色，发音清晰、流畅。对于有背景音的文件，系统将智能去除背景音并进行降噪处理，所以不需要特意去消除背景音。

图6-18　声音克隆入口

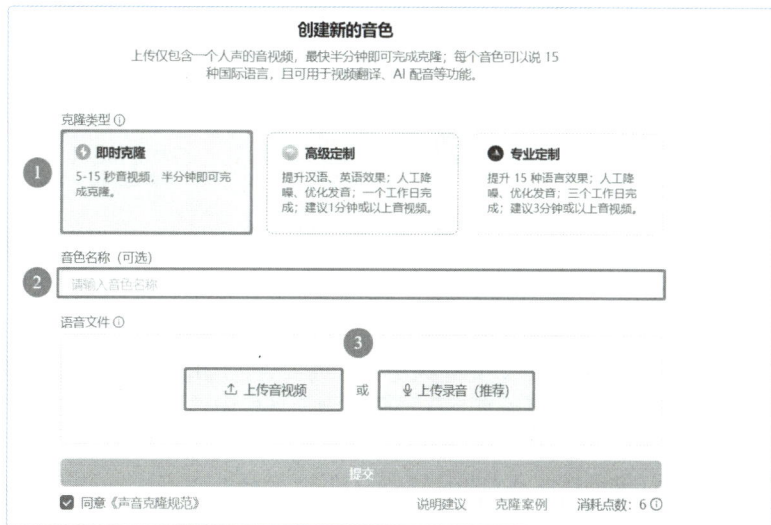

图6-19　创建音色页面

需要特别说明的是，如果选择上传音视频的方式，上传的音视频文件大小不要超过100MB，米可智能支持上传主流的音视频格式文件，如.mp3、.wav、.m4a、.mp4等；如果选择上传录音的方式，需要根据例句朗读5～10s，平台会根据真人音色，对情感、语调进行克隆。这里采用上传音视频的方式定制音色，提前将录制好的音频保存到本地（可以从本书资源平台下载音频文件"史铁生《我与地坛》-音频.m4a"），方便直接上传。上传后，如图6-20所示，选择源文件语言为"汉语"，然后单击"提交"按钮。

图6-20　音频文件上传

步骤3：提交并完成音色克隆。提交后，任务将在云端后台自动执行，仅需半分钟左右即可完成音色的克隆。对于克隆的音色，可在"我的音色"页面进行查看和管理，如图6-21所示。

图6-21　查看克隆成功的音色

步骤4：使用克隆音色为文本配音。克隆成功的音色可直接应用于"视频翻译"和"AI配音"，每个克隆音色都能支持15种国际主流语言。在平台左侧工具栏中选择"创作空间"，进入主功能页面，单击"AI配音"（见图6-22），进入AI配音页面（见图6-23），选择发音人和发音语言，并输入文本内容，为文本配音。这里选择发音人为"定制音色"，选择发音语言为"汉语"，并输入想要配音的文本。

图6-22　选择"AI配音"

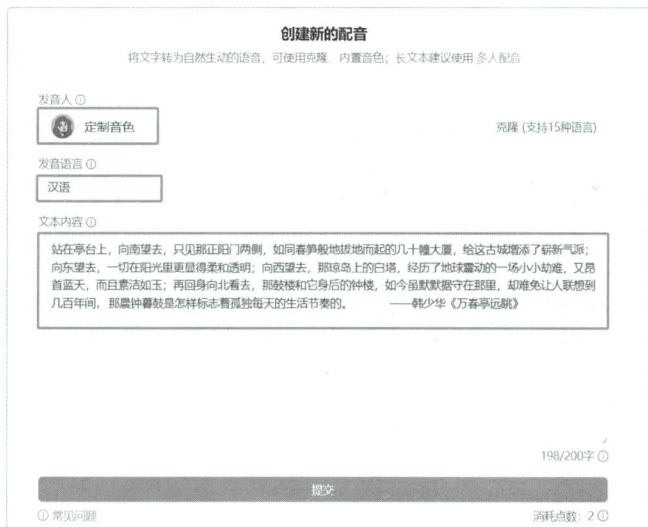

图6-23　AI配音页面

步骤5：生成并下载音频。输入需要配音的文本后，单击"提交"按钮，即可完成音频的生成。生成音频文件后，如图6-24所示，可以单击"下载"按钮，下载.mp3格式的音频文件，也可以单击"分享"按钮，分享配音音频。最后，播放生成的音频文件，检查音质和内容是否符合预期。如有需要，可以根据检查结果调整文本或音色，重新生成音频文件。

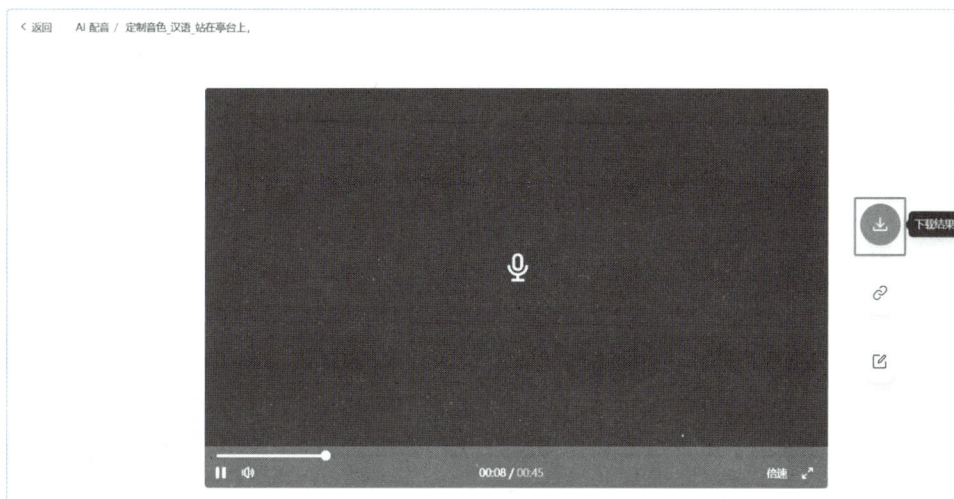

图6-24　下载配音音频

6.3.4 使用鬼手剪辑进行语音翻译

1．任务描述

借助鬼手剪辑（GhostCut），对原视频中的语音进行翻译，生成的新视频中的语音是翻译后的语音。

2．实验步骤

步骤1：登录鬼手剪辑平台。通过浏览器访问鬼手剪辑官方网站，进入鬼手剪辑平台登录页面，如图6-25所示。单击"登录"按钮，在弹出的界面中，可使用邮箱登录、手机号登录或微信扫码登录，任选一种方式登录即可。若尚未注册，则单击"注册"按钮，并按照提示完成账号创建。登录成功后，如图6-26所示，单击"视频翻译自动版"下方的"开始"按钮，进入"视频翻译自动版"功能页面；也可在鬼手剪辑平台首页的"创作工具"栏，找到"视频翻译自动版"功能入口，进入"视频翻译自动版"功能页面。

图6-25　鬼手剪辑平台登录页面

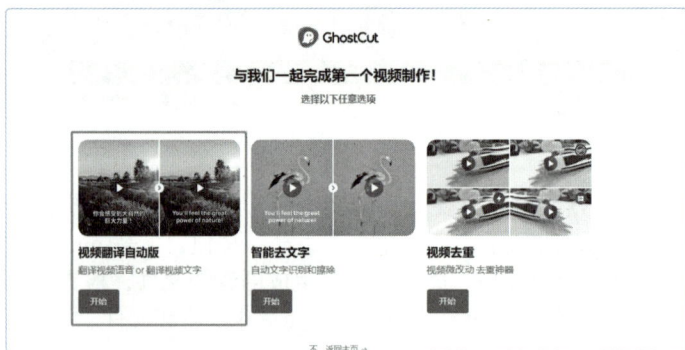

图6-26　鬼手剪辑视频翻译功能入口

步骤2：上传视频。进入"视频翻译自动版"功能页面后，如图6-27所示，单击"上传视频"按钮，可以选择"本地上传"，或者单击"我的视频"按钮进入素材库选择视频。这里从素材库中选择视频作为实验样例，如图6-28所示，选择样例视频后，单击"确定"按钮。

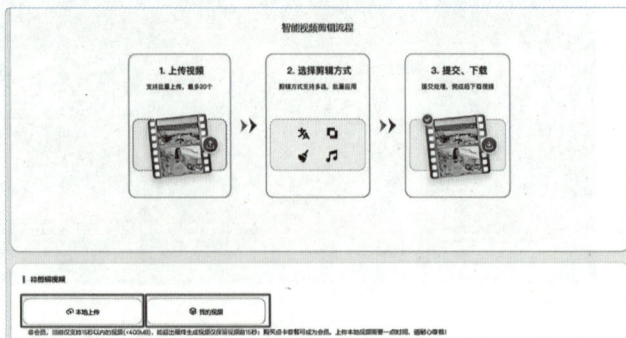

图6-27　上传视频页面

需要说明的是，对于非会员，当前仅支持15s以内的视频（大小不超过400MB），如超出限制，则最终生成视频仅保留前15s；购买点卡套餐可成为会员，就不会受到限制了。

图6-28　添加素材库样例视频

步骤3：选择剪辑方式。如图6-29所示，添加完视频后，单击"台词提取方式"栏中的"从视频语音提取台词"，设置翻译视频语音的参数。首先在"台词翻译"栏中选择要翻译成的目标语种，这里选择要翻译的语种为"英语"；然后在"AI配音"栏中选择翻译后语种的配音主播，这里选择"知性女声"，并选择"原视频静音"；最后选择新字幕的样式和字幕字号。

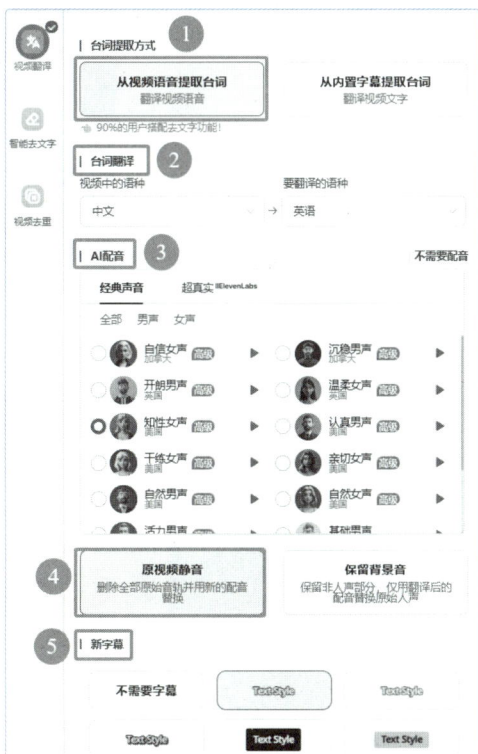

图6-29　设置翻译视频语音的参数

步骤4：微调与优化。如图6-30所示，根据翻译视频语音的需求，可以单击工具栏左侧的"智能去文字"和"视频去重"按钮，对翻译后的视频进行优化与微调。如果不需要调整，可直接单击页面右上角的"提交"按钮，即可生成新视频。

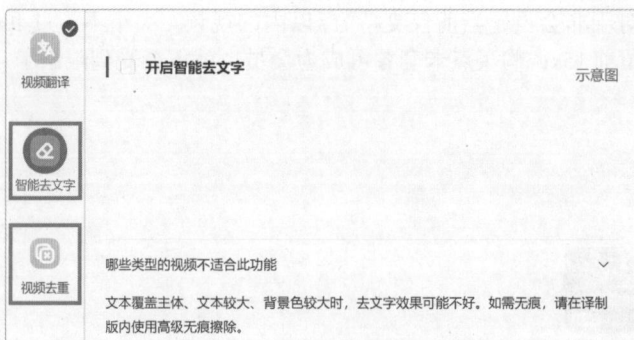

图6-30　智能去文字和视频去重

步骤5：字幕调整与下载。单击"提交"按钮后，需要等待系统自动完成视频中音频的翻译。处理完成后，可以单击"字幕调整＆下载"按钮，调整翻译后的语音字幕，如图6-31所示。需要对翻译后的语音字幕进行校验，并将翻译后的字幕文件拖动到视频合适位置。最后，单击页面右上方的"提交"按钮，重新生成视频，并发布或下载调整后的视频文件，如图6-32所示。可以单击"发布视频"按钮发布视频，也可以单击"下载视频"按钮下载视频。这样就完成了视频语音自动翻译的任务。

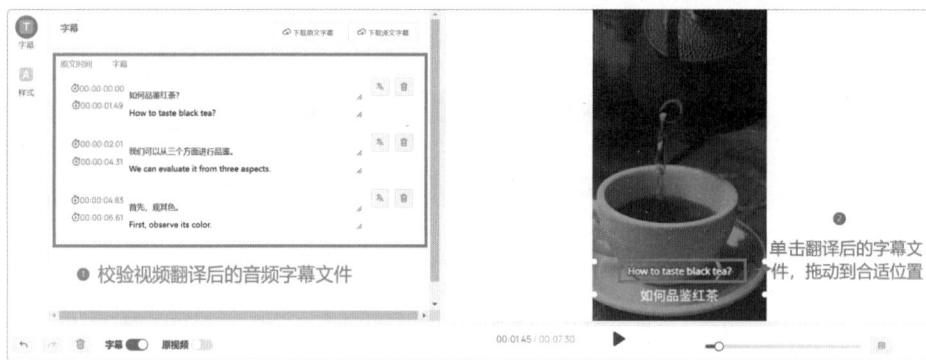

图6-31　调整和校验翻译后的语音字幕

图6-32　发布或下载自动语音翻译的视频文件

6.3.5 使用网易天音编曲

1. 任务描述

借助网易天音进行智能编曲。

2. 实验步骤

步骤 1：登录网易天音平台。通过浏览器访问网易天音官方网站，进入网易天音平台登录页面，如图 6-33 所示。单击"登录/注册"按钮，在弹出的界面中，可使用网易云音乐 App 扫码登录，或使用其他方式登录（如微信、QQ、微博、网易邮箱等）。若尚未注册，请单击"注册"按钮，并按照提示完成账号创建。登录成功后，如图 6-34 所示，单击平台首页的创作工具"AI 编曲 - 开始创作"按钮，进入"新建编曲"界面，如图 6-35 所示，选择"自由创作"或"基于曲谱创作"或"上传作曲"，这里选择"基于曲谱创作"。

图 6-33　网易天音平台登录页面

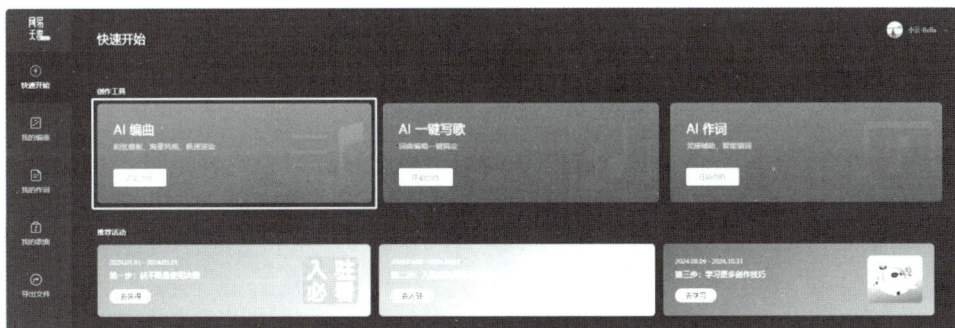

图 6-34　AI 编曲功能入口

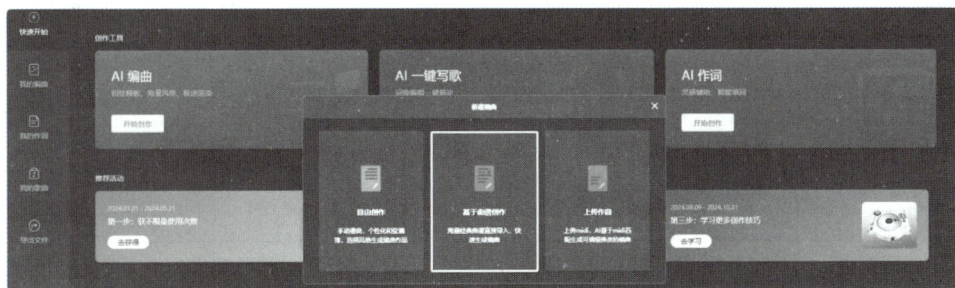

图 6-35　选择"基于曲谱创作"

步骤 2：选择曲谱。如图 6-36 所示，在曲谱搜索框中通过输入歌手名字或歌曲名字来搜索曲谱，也可以单击"精选曲谱"下拉列表，选择一个你喜欢的歌曲曲谱，以它为基础开始编曲和弦，这里选择"精选曲谱"下拉列表中的"DJ1"作为基础曲谱。

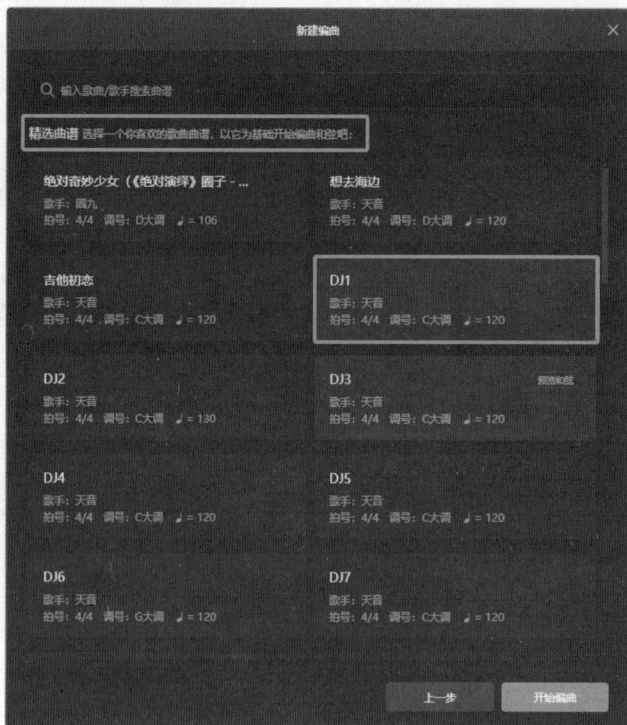

图6-36　选择曲谱

步骤3：选择编曲风格。选择好曲谱后，单击"开始编曲"按钮，进入"编曲"页面。如图6-37所示，在页面上方工具栏单击"编曲风格"，在弹出的下拉列表中选择你喜欢的编曲风格，这里选择"春诵夏弦"风格作为演示。接着，单击"确定"按钮。

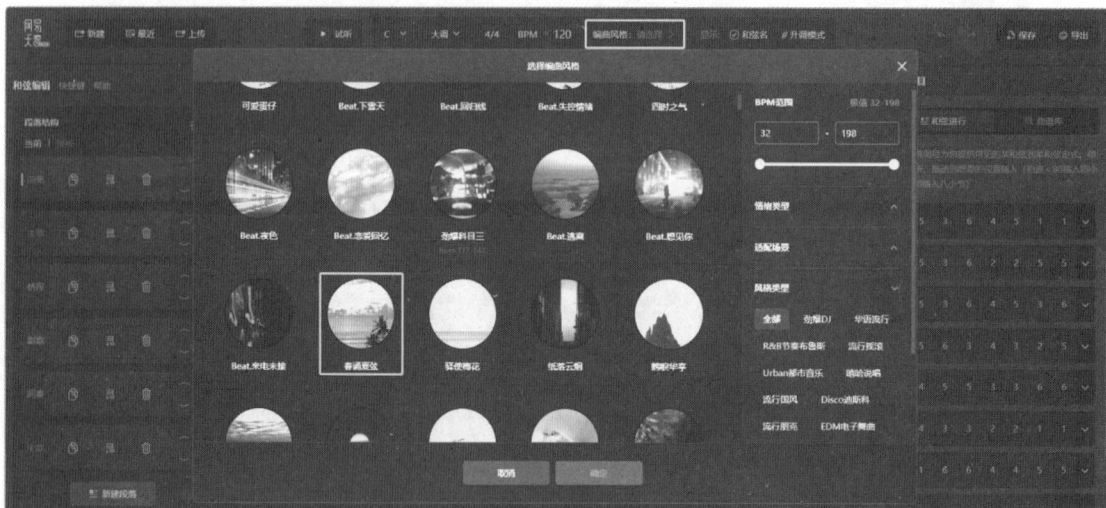

图6-37　选择编曲风格

步骤4：编辑和弦。确认编曲风格后，如图6-38所示，可以单击页面中间的"前奏""主歌""副歌""间奏""桥段"和"尾奏"，进行和弦编辑，和弦支持数字快捷键输入；也可以选择页面左侧工具栏中"和弦编辑"下面的"模板"，直接套用。编辑完成后，可以对每个部分进行渲染试听，如果不需要调整，可直接单击页面右上角的"导出"按钮，导出编曲。

图 6-38　编辑和弦

步骤 5：导出和下载编曲。如图 6-39 所示，单击"导出"按钮，在弹出的对话框中，设置导出文件名称和导出文件类型，设置好后单击"导出"按钮。后台处理完成后，如图 6-40 所示，可以单击"下载全部文件"按钮，下载编曲。

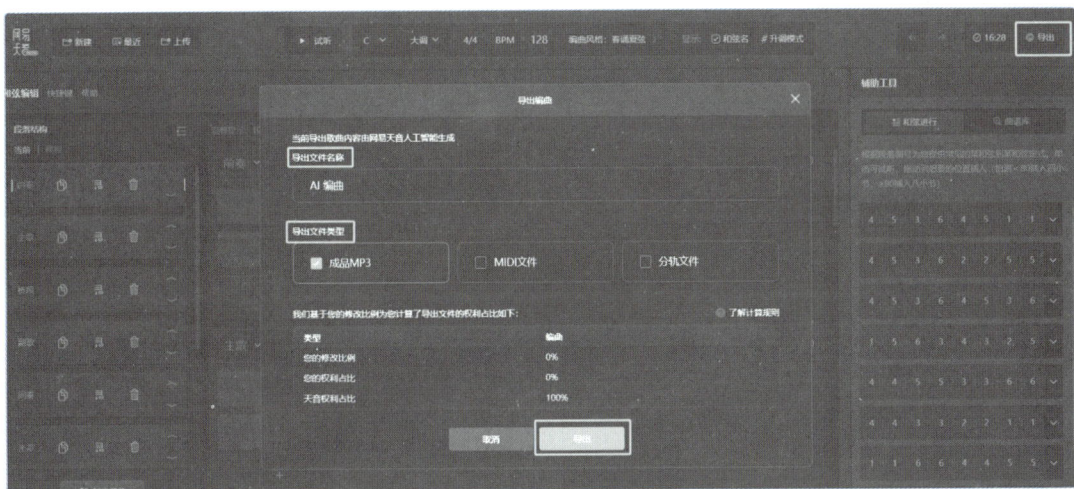

图 6-39　设置导出文件名称和导出文件类型

图 6-40　下载编曲

6.3.6　使用 DeepMusic 生成背景音乐

1. 任务描述

借助 DeepMusic 的 BGM 猫平台，生成背景音乐。

2. 实验步骤

步骤 1：登录 BGM 猫平台。通过浏览器访问 BGM 猫官方网站，进入 BGM 猫平台首页，如

图6-41所示。未登录用户每日有3次免费生成机会，单击页面左下角的"登录/注册"按钮，在弹出的界面中，可使用"手机号+验证码"一键"登录/注册"，登录成功后，即可开始背景音乐（视频配音或片头音乐）的创作。

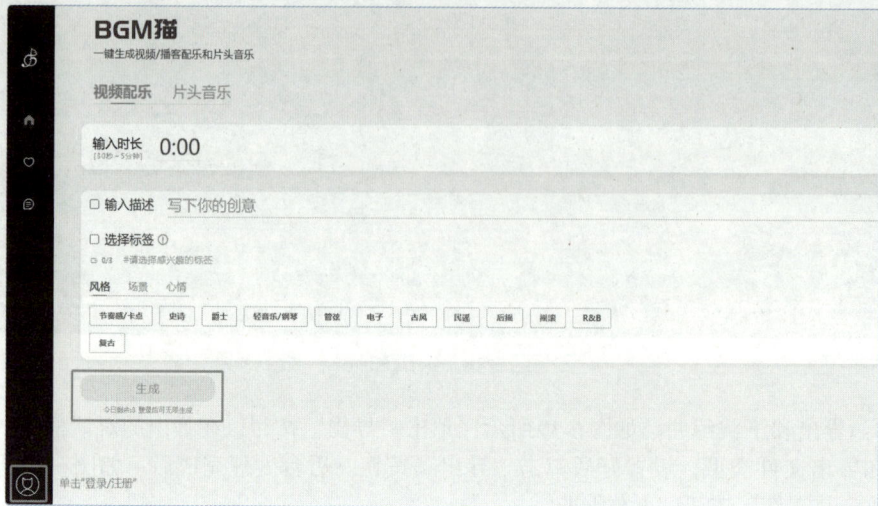

图6-41　BGM猫平台首页

　　步骤2：设置视频配乐参数。BGM猫平台提供了两种方式用于生成视频配乐，第一种方式是"输入描述"，根据描述的关键词和创意生成视频配乐；第二种方式是"选择标签"，包括"风格""场景""心情"，可自由组合。两种方式任选一种即可，这里采用"选择标签"的方式，如图6-42所示。输入时长设置为30s，"风格"选择"轻音乐/钢琴"，"场景"选择"旅行"，"心情"选择"浪漫"，选择的标签上限为3个。

图6-42　设置视频配乐参数

　　步骤3：生成和下载视频配乐。选择好标签后，单击"生成"按钮，即可在页面的底部生成视频配乐，如图6-43所示，单击"下载"按钮，可下载带水印的MP3视频配乐，也可根据版权要求订阅会员付费下载。

图 6-43　生成和下载视频配乐

6.3.7　使用豆包生成主题音乐

1. 任务描述

借助豆包大模型工具，创作一首主题音乐。

2. 实验步骤

步骤 1：登录豆包平台。通过浏览器访问豆包官方网站，进入豆包平台首页，如图 6-44 所示。单击右上角的"登录"按钮，在弹出的界面中，可使用手机号登录，也可使用手机豆包 App 扫码登录，还可使用抖音账号等登录，任选其中一种方式登录即可。登录成功后，如图 6-45 所示，在页面中单击"音乐生成"按钮，即可开始主题音乐的创作。

图 6-44　豆包平台首页

图 6-45　豆包"音乐生成"功能入口

步骤 2：输入音乐主题、风格、情绪和音色。进入"音乐生成"功能页面后，有 4 个歌曲生成参数可以自由选择定制。输入你想要创作音乐的歌词，可以选择"AI 帮我写歌词"或"自定义歌词",如果选择"AI帮我写歌词",则需要描述歌词所表达的主题;如果选择"自定义歌词",在歌词输入界面输入创作音乐的歌词即可。这里选择"AI帮我写歌词"。首先,输入歌词所表达的主题,如"追梦";其次,选择音乐的风格,有11种不同的风格可供选择,这里选择"流行";接着,确定传达的情绪,有9种不同的情绪可供选择,这里选择"快乐";最后,选择音色是"男声"还是"女声",这里选择"女声"。单击"发送"按钮(见图6-46中右下角的箭头按钮),系统会自动根据你的需求生成对应的主题音乐。

图6-46　设置歌曲生成参数

步骤3:增加音乐生成的描述元素。确认音乐创作需求,单击"发送"按钮后,系统会自动生成一首主题音乐(见图6-47),可以根据需要进行试听、分享或下载。为了让歌曲更加贴合个人需要,可以在音乐生成后增加关于音乐的创作描述,让音乐表达更具个人属性。如果要添加关于音乐的创作描述,可以通过键盘输入"@",在弹出的功能菜单中选中"音乐生成"功能,在音乐生成的描述后面加上个性化需求描述,如增加描述"歌词中带有积极追梦的女性歌手流行歌曲"(见图6-48),再单击"发送"按钮(见图6-48中的箭头按钮),系统会自动根据增加的描述优化之前的创作版本,生成一首新的主题音乐。

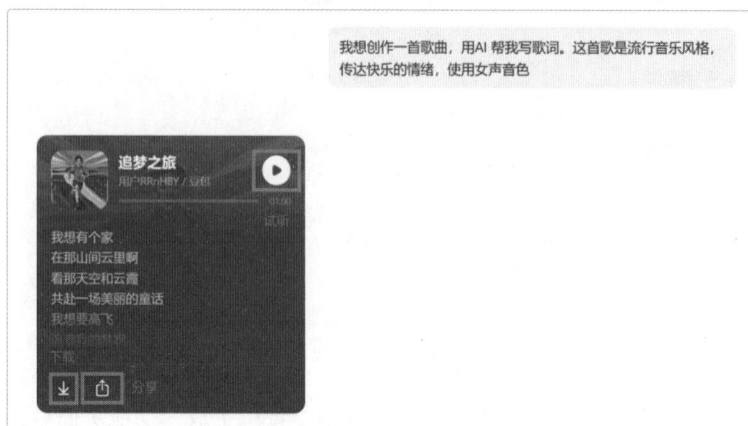

图6-47　系统自动生成主题音乐

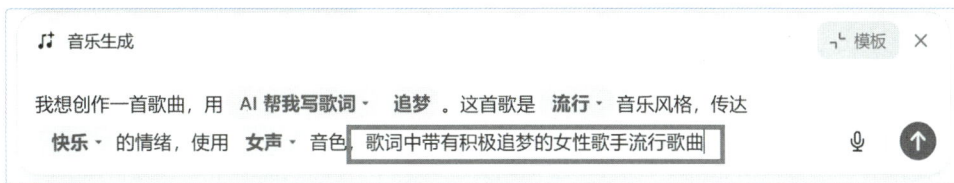

图6-48 增加描述

步骤4：下载或分享主题音乐。主题音乐生成后，如图6-49所示，可以单击上方的"试听"按钮试听音乐；也可以单击下方的"下载"按钮下载生成的音乐；或者单击"分享"按钮分享生成的音乐。

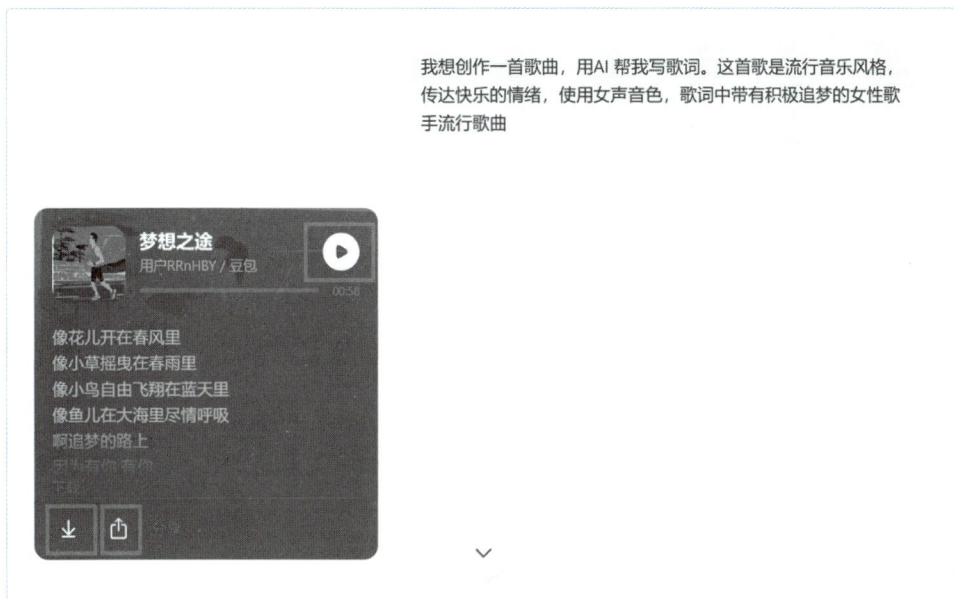

图6-49 下载或分享主题音乐

第 7 章

视频类AIGC应用实践

视频类AIGC依托前沿的视觉识别与生成技术，借助深度学习模型，可自动生成高质量的视频内容。其应用已广泛覆盖新闻报道、影视预告、广告创意、教育科普等多个领域。具体而言，视频类AIGC能够依据用户输入的关键词、场景描述或创意概念，迅速生成连贯、生动且富有创意的视频片段或完整作品。无论是对内容创作者、教育工作者，还是对广大学习者而言，掌握视频类AIGC技术都将为未来的内容创作、信息传播以及个人技能提升提供强有力的支持。

7.1　实验目的

（1）了解视频类AIGC的基本应用方法。
（2）掌握使用不同大模型工具生成高质量视频内容的方法。
（3）熟悉视频类AIGC的不同应用场景。

7.2　实验环境

7.2.1　环境需求

（1）操作系统：Windows 7及以上。
（2）浏览器：Edge、360、FireFox、Chrome等各种浏览器。
（3）大模型工具：可灵AI、即梦AI、通义万相、剪映、鬼手剪辑、腾讯智影。

7.2.2　大模型工具介绍

可灵AI是快手AI团队自研的视频生成大模型，具备文生视频、图生视频、视频续写、运镜控制、首尾帧等多项功能，让用户可以轻松高效地完成视频创作。其中，文生视频功能可根据用户提供的文本描述生成视频；图生视频功能可以将静态图像转换为生动的视频；视频续写功能可以将已生成的视频最长延伸至3min。可灵AI生成的视频分辨率高达1920像素×1080像素，时长最长可达2min（帧率为30FPS），且支持自由的宽高比。

即梦AI是一个生成式人工智能创作平台，支持通过自然语言及图像输入，生成高质量的图像及视频。其提供智能画布、故事创作模式、首尾帧、对口型、运镜控制、速度控制等AI编辑能力，提供创意灵感、流畅工作流、社区交互等资源，为用户创作提效。

通义万相是阿里云通义系列AI绘画创作大模型，具备文字作画、视频生成等功能，拥有文生图、图生图、文生视频和图生视频等能力，可以辅助人们进行图像和视频创作，大幅降低了图像设计和视频创作门槛。同时，其还适用于艺术设计、游戏和文创等应用场景。

剪映是抖音推出的一款视频编辑应用，功能包括视频剪辑、文字成片、音乐合成、字幕制作、特效添加、字幕解说转换、去水印等。剪映的文字成片功能可以根据输入的文字内容自动生成视频。用户只需在剪映应用中输入文本，系统会自动匹配图像、表情包，并配合朗读、字幕及配乐，生成完整的视频。这一功能特别适合刚开始进行视频创作的泛知识创作者，大大降低了视频制作的门槛。

鬼手剪辑是一款基于人工智能技术的智能视频剪辑工具，具备智能去文字、视频去重、语音翻译等功能，旨在帮助用户提高视频处理速度并提升视频创作质量。鬼手剪辑还提供了"短剧解说"AI工具，用户无须进行复杂操作，只需上传视频并对字幕进行标记，鬼手剪辑的"短剧解说"AI工具就会自动对齐视频的字幕、声音、音乐和画面，对视频画面、文案和配音自动重写，帮助用户轻松生成高质量的解说视频，适用于3min以内的短剧视频、综艺片段和影视片段。

腾讯智影是一款云端智能视频创作工具，是集素材搜集、视频剪辑、渲染导出和发布于一体的免费在线剪辑平台。它是一款强大的AI工具，具备文本配音、数字人播报、自动字幕识别、文章转视频、去水印、视频解说、横转竖等功能，拥有丰富的素材库，可以帮助用户高效地进行视频创作。腾讯智影的数字人播报功能，主要是利用数字人把演示文稿（PPT）中的内容以视频的形式讲述出来，用户可以使用固定的数字人形象，也可以通过自定义的方式上传数字人形象。

7.3　实验内容

7.3.1　使用可灵AI实现文生视频

1. 任务描述

借助可灵AI，根据文本内容自动生成高质量的视频。

2. 实验步骤

步骤1：登录可灵AI平台。请确保你的计算机已连接到互联网，打开一个常用的浏览器，如Chrome，在浏览器地址栏中输入可灵AI的官方网址，进入可灵AI平台，如图7-1所示。单击页面右上角的"登录"按钮，在弹出的界面中，可以使用"手机号+验证码"方式登录，也可以使用快手或快手极速版手机App扫码登录。登录成功后，单击可灵AI平台首页的"AI视频"功能，如图7-2所示，进入"文生视频"和"图生视频"功能界面，这里使用"文生视频"功能进行演示。

图7-1　可灵AI平台首页

图7-2　"AI视频"功能入口

步骤2：输入创意描述。进入"文生视频"和"图生视频"功能界面后，单击"文生视频"选项卡，在图7-3所示界面中有一个提示词输入框，在此处粘贴或输入你想要转换成视频的文本内容，字数控制在500字以内，要确保文本内容清晰、准确，符合创作需求。

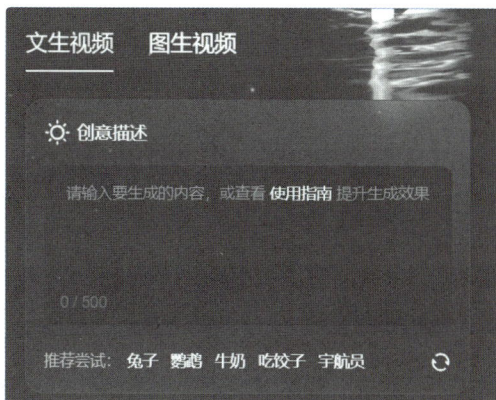

图 7-3　文生视频创意描述

温馨提示：输入的文本也叫提示词（prompt），提示词作为文生视频大模型最主要的交互语言，将直接决定模型返回的视频内容。因此，编写有效的提示词对完成 AI 视频创作是非常重要的。为了帮助用户输入有效的提示词并激发用户的创作灵感，可灵 AI 设计了提示词公式，如图 7-4 所示，以供用户参考。当然，用户也可以尽情发挥想象力，不被公式限制，以创作有趣又惊喜的视频。需要注意的是，输入的文本要尽可能使用简单的词语和句子结构，避免使用过于复杂的语言，画面内容也要尽可能简单，确保在 5 ~ 10s 内可以完成画面表达。

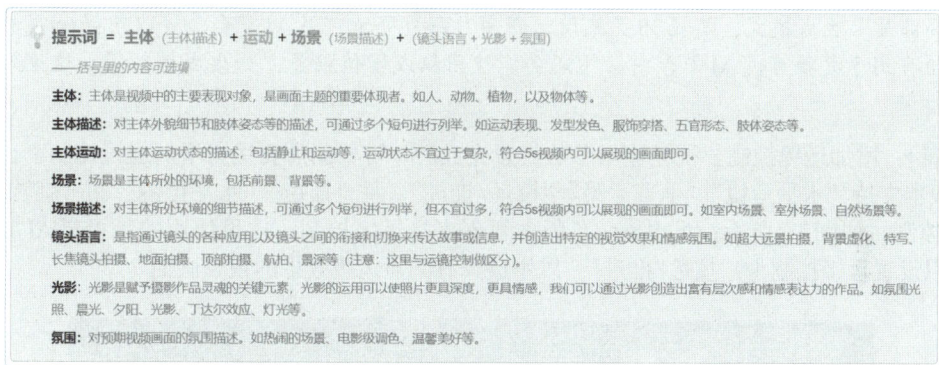

图 7-4　可灵 AI 的提示词公式

这里参考可灵 AI 的提示词公式，输入创意描述"一个穿着红色连衣裙的女孩（主体）在咖啡厅看书（运动），书本放在桌子上，桌子上还有一杯咖啡，冒着热气，旁边是咖啡厅的窗户（场景），电影级调色"，如图 7-5 所示。

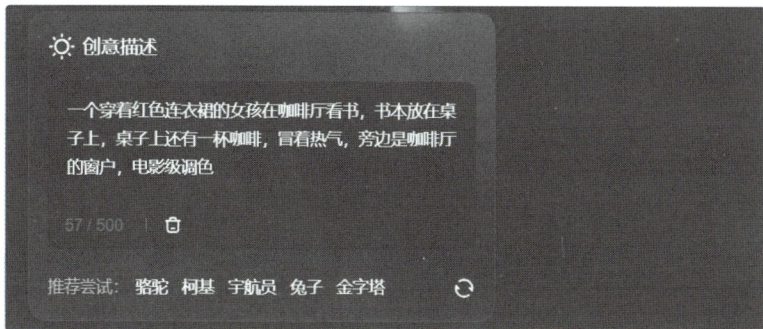

图 7-5　输入创意描述

　　步骤3：设置视频参数。提示词输入完成后，在页面左侧工具栏的提示词输入框下方，可以设置视频输出参数，如图7-6所示。这里设置"创意想象力"和"创意相关性"为"0.5"，"生成模式"为"高品质"，"生成时长"为"5s"，"视频比例"为"16：9"，"生成数量"为"1条"。

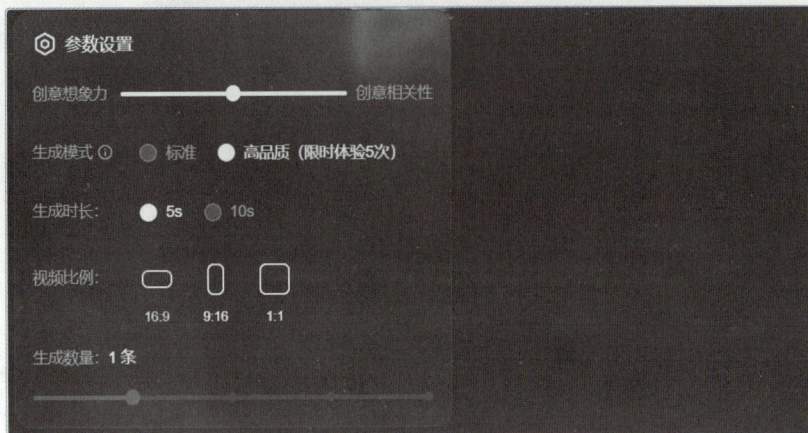

图7-6　设置视频输出参数

　　特别说明：在可灵1.0版本中，用户可自由选择"生成模式"是"标准"还是"高品质"，其中"标准"生成模式消耗10灵感值，"高品质"生成模式消耗35灵感值。在可灵1.5版本中，用户只能选择"高品质"生成模式，消耗35灵感值。新用户每日登录可灵AI平台，可以获得66灵感值。这些灵感值可用于兑换可灵AI平台内的指定功能使用权或增值服务，如生成视频等。这里采用可灵1.0版本。

　　步骤4：增加运镜控制。视频输出参数设置完成后，可根据需要适当增加运镜控制，目前可灵AI 1.0版本支持"水平运镜""垂直运镜""拉远/推进""垂直摇镜""水平摇镜"和"旋转运镜"6种运镜控制，如图7-7所示；可灵AI 1.5版本暂不支持运镜控制。这里使用的是可灵AI 1.0版本，因此可以设置运镜控制为"拉远/推进"，以生成具有明显运镜效果的视频画面。

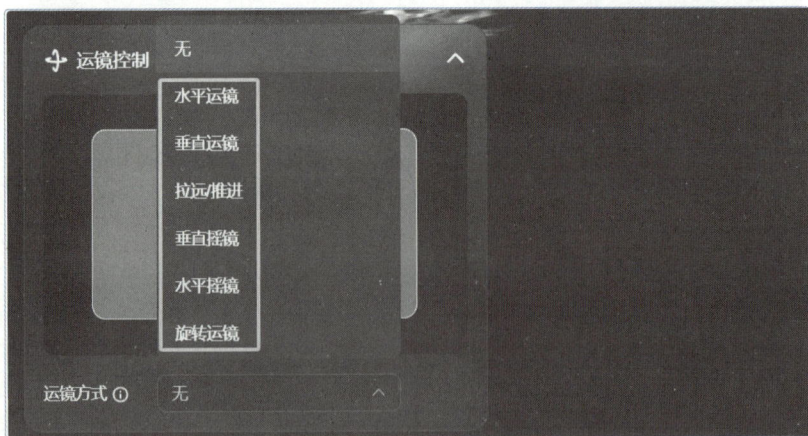

图7-7　增加运镜控制

　　步骤5：过滤不希望呈现的内容。此处为非必填项，用户可以根据自己对输出视频的需求输入不希望呈现的内容，字数不超过200字。这里设置不希望呈现的内容为"模糊""低质量""扭曲"，如图7-8所示。

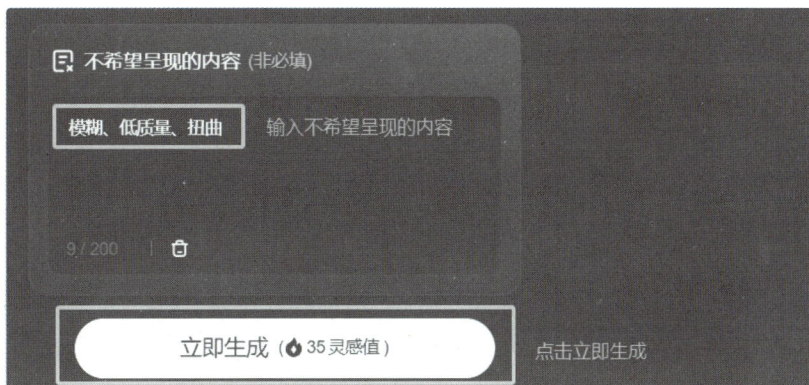

图7-8　过滤不希望呈现的内容

步骤6：生成并下载视频。设置完视频输出参数、运镜控制和过滤不希望呈现的内容后，单击图7-8所示的"立即生成"按钮（由于此视频使用"高品质"生成模式，因此会消耗35灵感值），系统开始利用大模型将文本自动转换为视频。处理时长取决于文本长度和系统负载，请耐心等待。一旦视频生成完成，单击"下载"按钮，可免费下载带水印的视频，如图7-9所示。如果需要不带水印的视频，可开通会员获取。最后，播放生成的视频文件，检查视频画面是否符合预期。如有需要，可以根据检查结果修改创意描述或视频输出参数，重新生成视频。

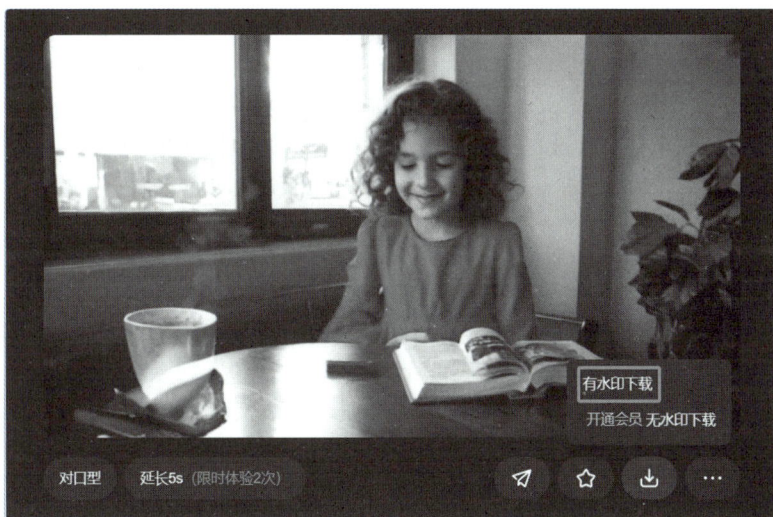

图7-9　下载视频文件

7.3.2　使用即梦AI实现图生视频

1．任务描述

借助即梦AI，根据输入的文本内容自动生成高质量的图片，再利用该图片，使用即梦AI的"AI视频"功能，自动生成高质量的视频。

2．实验步骤

步骤1：登录即梦AI平台。使用浏览器访问即梦AI官方网站，进入即梦AI平台首页，如图7-10所示。单击页面右上角的"登录"按钮，在弹出的界面中，可以使用手机抖音App扫码登录，或使用"手机号+验证码"方式登录。登录成功后，单击即梦AI平台首页的"AI作图"功能，如图7-11所示，进入"AI作图"功能界面。

图7-10   即梦AI平台首页

图7-11   "AI作图"功能入口

步骤2：输入图片描述，设置图片生成参数。进入"AI作图"功能界面后，单击"图片生成"选项卡，如图7-12所示，其中有一个提示词输入框，在此处可以输入关于生成图片的文本描述，字数控制在800字以内，要确保文本内容清晰、准确，符合创作需求；也可以根据需要在输入文本描述后导入参考图，让即梦AI生成的图片更符合预期。例如，输入关于生成图片的文本描述"一只可爱的小狗坐在公交车座位上"，如图7-13所示。再在提示词输入框下方设置图片生成的"模型"和"比例"参数，如图7-14所示，这里选择生图模型为"图片2.0 Pro"（目前即梦AI有5种生图模型可供选择），选择图片比例为"16：9"。

步骤3：生成图片。设置完图片生成参数后，单击"立即生成"按钮，系统会自动生成4张不同风格的图片，如图7-15所示。选中你喜欢的图片，可以将该图片"发布""下载"和"收藏"，也可以对该图片进行"超清""细节修复"和"生成视频"设置，如图7-16所示。如果对生成的图片不满意，也可以单击图片下面的"重新生成"按钮，修改文本描述和图片生成参数，重新生成图片。

特别说明：图片生成会消耗1积分，即梦AI平台会给每个新用户赠送100积分，这些积分可用于兑换即梦AI平台内的指定功能使用权或增值服务，如图片生成和视频生成等。

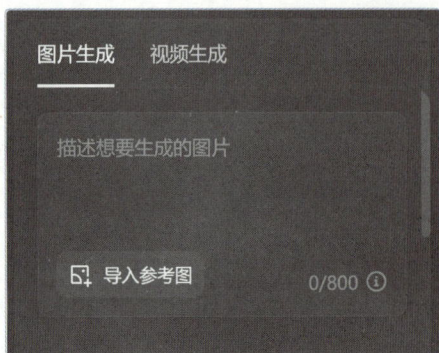

图 7-12   "图片生成"选项卡

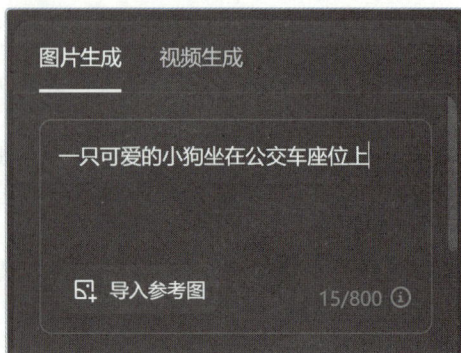

图7-13   输入文本描述

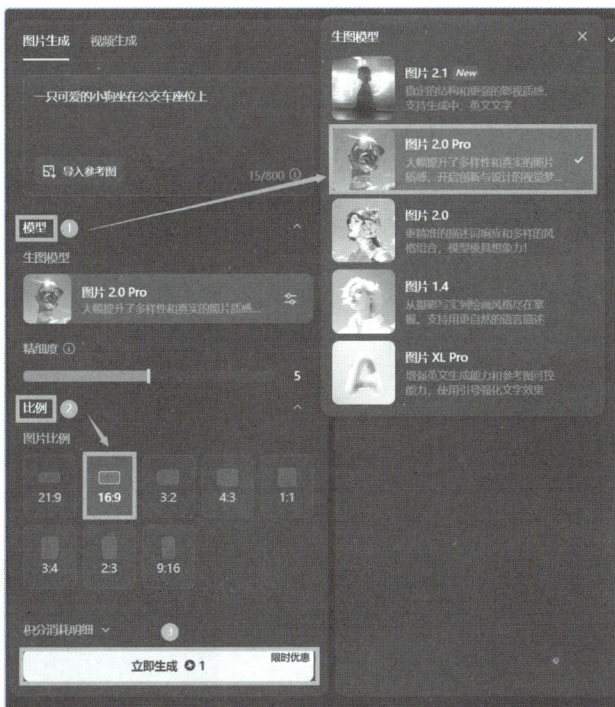

图 7-14 设置图片生成的"模型"和"比例"参数

图 7-15 生成图片

图 7-16 对生成的图片进行相关操作

步骤 4：使用图片生成视频。生成图片后，可以选择一张你喜欢的图片，例如，这里选择第一张图片作为演示。如图 7-17 所示，在图片的编辑功能项中单击"生成视频"按钮，进入"视频生成"功能界面，如图 7-18 所示，可看到系统已自动添加第一张图片作为生成视频的图片素材。

步骤 5：添加图片描述。在已添加的图片下方，可以输入图片描述，描述你想生成的画面和动作。这里添加图片描述为"小狗在行驶的公交车上看着窗外，吐着舌头"，如图 7-19 所示。

图 7-17　在图片的编辑功能项中单击"生成视频"按钮

图 7-18　"视频生成"功能界面

图 7-19　添加图片描述

步骤6：设置视频生成参数。添加完图片描述后，在描述文字下方设置"视频模型"和"基础设置"，如图7-20所示。首先选择"视频模型"为"视频 S2.0 Pro"，目前即梦 AI 支持4种可选的视频模型；然后在"基础设置"里，设置"生成时长"为"5s"，对于"视频比例"参数，系统会根据图片的比例进行自动匹配，因此无须手动设置；最后单击"生成视频"按钮，等待系统生成视频。

图 7-20　设置视频生成参数

步骤 7：生成视频并为视频添加配乐。单击"生成视频"按钮后，系统开始根据图片自动生成视频。在视频生成完成后，单击视频下方的"AI 配乐"按钮（见图 7-21），将弹出"AI 配乐"功能界面，如图 7-22 所示，可以选择"根据画面配乐"，也可以选择"自定义 AI 配乐"，这里选择"根据画面配乐"。单击"生成 AI 配乐"按钮，系统自动根据画面为视频匹配 3 种音乐（见图 7-23），这里选择"配乐 2"作为视频配乐。

特别说明：在生成视频过程中，单击"生成视频"按钮会消耗 20 积分。在 AI 配乐过程中，单击"生成 AI 配乐"按钮会消耗 5 积分。

图 7-21　对生成后的视频选择"AI 配乐"功能

图 7-22　"AI 配乐"功能界面

图 7-23　AI 配乐选择

步骤 8：下载或发布视频。确认配乐后，即可单击"下载"按钮（见图 7-24），免费下载带水印的视频。如果需要不带水印的视频，可开通会员获取。也可以单击"发布"按钮发布视频。最后，播放生成的视频文件，检查视频画面是否符合预期。如有需要，可以根据检查结果修改图片生成参数或视频生成参数，进行重新生成。

图7-24　下载或发布视频

7.3.3　使用通义万相生成自带音效的视频

1. 任务描述

借助通义万相，根据图片自动生成高质量并自带音效的视频。

2. 实验步骤

步骤1：登录通义万相平台。使用浏览器访问通义万相官方网站，进入通义万相平台首页，如图7-25所示。单击页面左下角的"立即登录"按钮，在弹出的界面中，使用"手机号+验证码"方式登录。登录成功后，选择通义万相平台首页的"视频生成"功能（见图7-26），单击"去生成"按钮，进入"视频生成"功能界面。

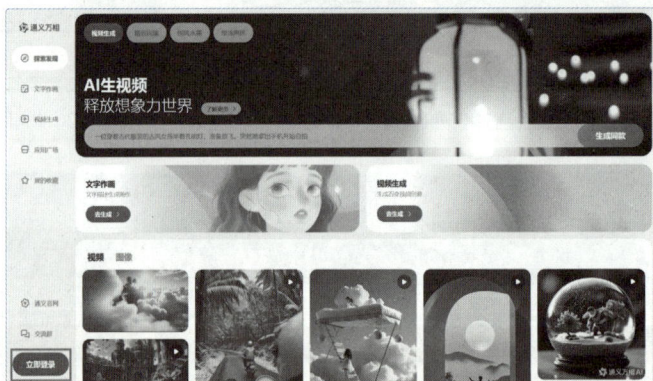

图7-25　通义万相平台首页

图7-26　"视频生成"功能入口

步骤2：添加图片和创意描述。进入"视频生成"功能界面（见图7-27）后，单击"图生视频"按钮，将看到一个图片输入框，在此处可以单击"+"，添加你想要转换成视频的图片，也可以拖曳图片到图片输入框，或者选择"官方示例"中的图片作为视频生成的图片素材，这里选择"官方示例"中的图片进行演示，如图7-28所示。添加完图片后，系统会自动生成创意描述，如图7-29所示。也可以根据自己想要生成的视频来修改创意描述，此项属于选填项，可以填写，也可以不填写，这里选择不填写，按照系统自动生成的创意描述来生成视频。

图 7-27 "视频生成"功能界面

图 7-28 添加"官方示例"中的图片作为图生视频的素材

图 7-29 系统自动根据图片生成创意描述

步骤3：选中"灵感模式"和"视频音效"。添加图片和创意描述后，选中"灵感模式"和"视频音效"，单击"生成视频"按钮，系统开始根据图片自动生成视频，如图7-30所示。

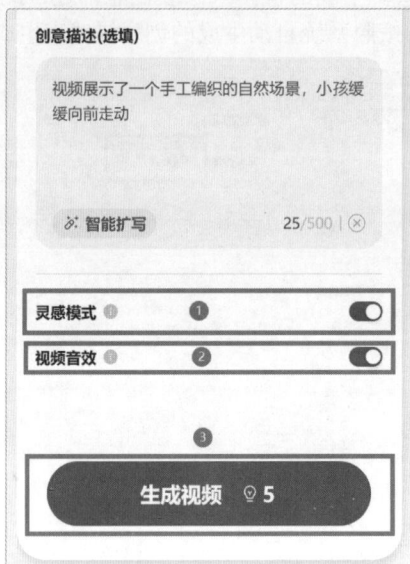

图7-30 选中"灵感模式"和"视频音效"

步骤4：生成和下载视频。视频生成好后，可以单击"高清放大"按钮，对视频进行优化处理（见图7-31），也可以单击"收藏"按钮收藏视频，还可以单击"下载"按钮下载视频。这里单击"高清放大"按钮，对视频进行优化处理，重新生成高清放大的视频。如图7-32所示，在视频生成好后，单击"下载"按钮，免费下载带水印的视频。如果需要不带水印的视频，可开通会员获取。最后，播放生成的视频文件，检查视频画面是否符合预期。如有需要，可以根据检查结果修改创意描述和相关设置，重新生成视频。

图7-31 生成和优化视频

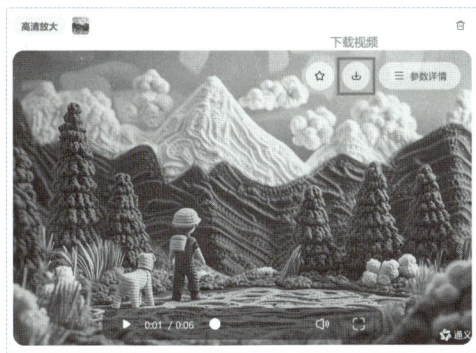

图 7-32　下载视频

7.3.4　使用剪映生成视频

1．任务描述

借助剪映，根据文字自动生成高质量并自带配音配乐的视频。

2．实验步骤

步骤 1：登录剪映官方网站，下载 Windows 版剪映软件。使用浏览器访问剪映官方网站，进入剪映平台首页，如图 7-33 所示。单击页面中的"立即下载"按钮，下载计算机桌面版剪映软件，下载完成后，按照安装指示完成软件安装。

图 7-33　剪映平台首页

步骤 2：登录账号。完成软件安装后，双击打开软件，单击界面左上方的"单击登录账户"按钮（见图 7-34），在弹出的界面中，可以使用手机抖音 App 扫码登录，也可以使用"手机号+验证码"方式登录。登录成功后，单击界面中的"图文成片"（见图 7-35），进入"图文成片"功能界面。

图 7-34　登录剪映软件账户

图 7-35　"图文成片"功能入口

步骤3：智能写文案。进入"图文成片"功能界面后，单击"自由编辑文案"（见图7-36），进入"自由编辑文案"界面（见图7-37），在该界面中可以选择"自由编辑文案"，也可以选择"智能写文案"，这里选择"智能写文案"进行演示。单击选中"智能写文案"后，上方会出现一个文本输入框，在文本输入框上方选中"自定义输入"，再输入视频文案要求（如主题和风格），如输入"成都美食"，接着单击"生成"按钮，系统会自动生成3种可选方案，可以从中挑选一种你喜欢的文案作为视频文案，这里选择"文案结果2"作为视频文案，如图7-38所示。

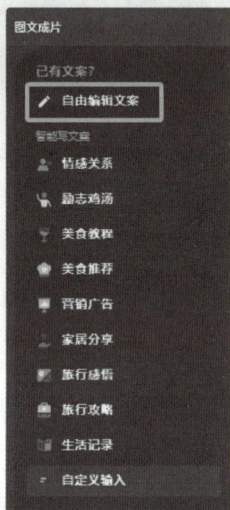

图7-36　单击"自由编辑文案"

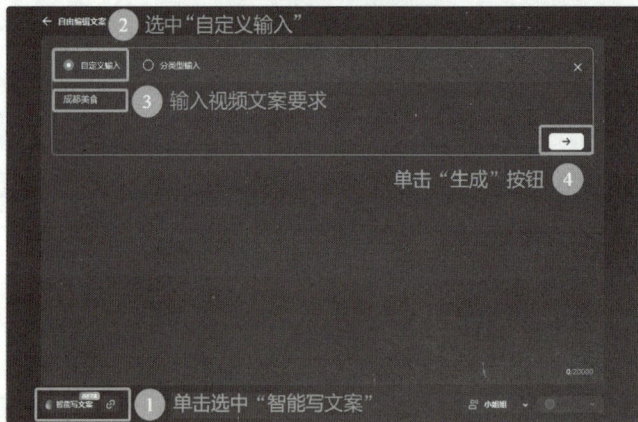

图7-37　"自由编辑文案"界面

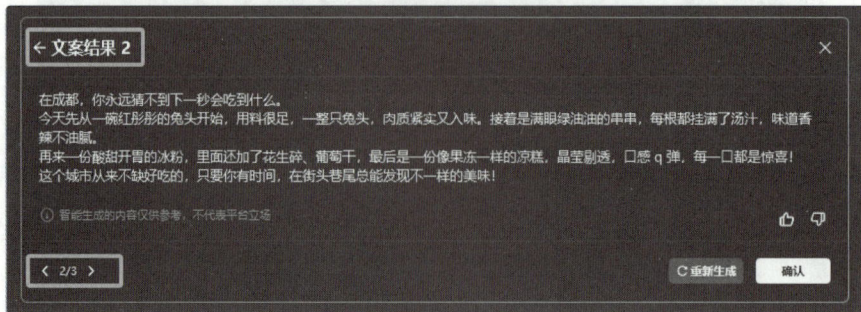

图7-38　选择视频文案

　　步骤4：选择音色。确认文案后，单击打开界面右下角的音色列表（见图7-39），从中选择一种你喜欢的音色作为视频配音，这里选择非会员音色，免费为视频配音，如选择"小姐姐"音色。接着，单击文案下方的"确认"按钮（见图7-40），进入"生成视频"功能界面。

图7-39　选择音色

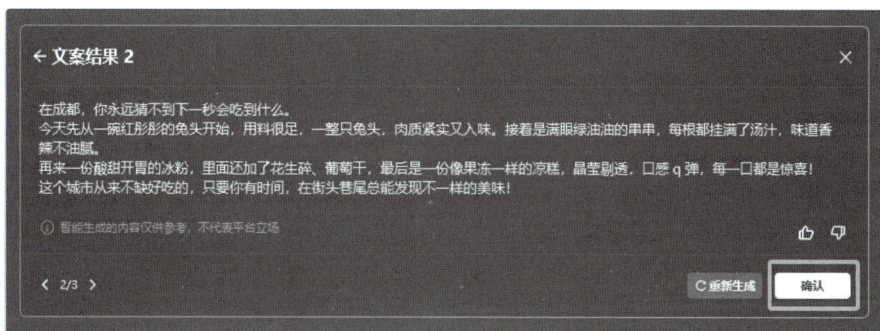

图7-40　单击"确认"按钮

　　步骤5：生成视频。进入"生成视频"功能界面后，单击"生成视频"按钮（见图7-41），在弹出的列表中选择"智能匹配素材"，系统开始为视频文案智能匹配素材并自动生成视频。视频生成好后，系统会自动弹出视频编辑器界面（见图7-42），在这里可以对视频进行进一步的编辑优化。无须编辑或编辑好视频后，单击右上角的"导出"按钮（见图7-43），在弹出的界面中设置好视频的标题、保存位置及分辨率等参数后，单击右下角的"导出"按钮（见图7-44），把视频导出到本地计算机中，也可以选择将视频同步发布到抖音、西瓜视频等自媒体账号上。

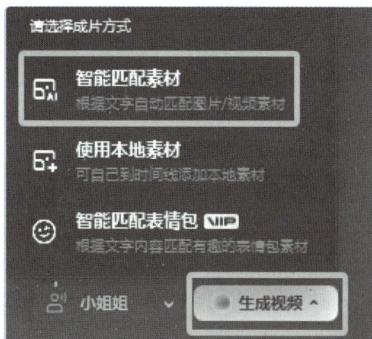

图7-41　在"生成视频"列表中选择"智能匹配素材"

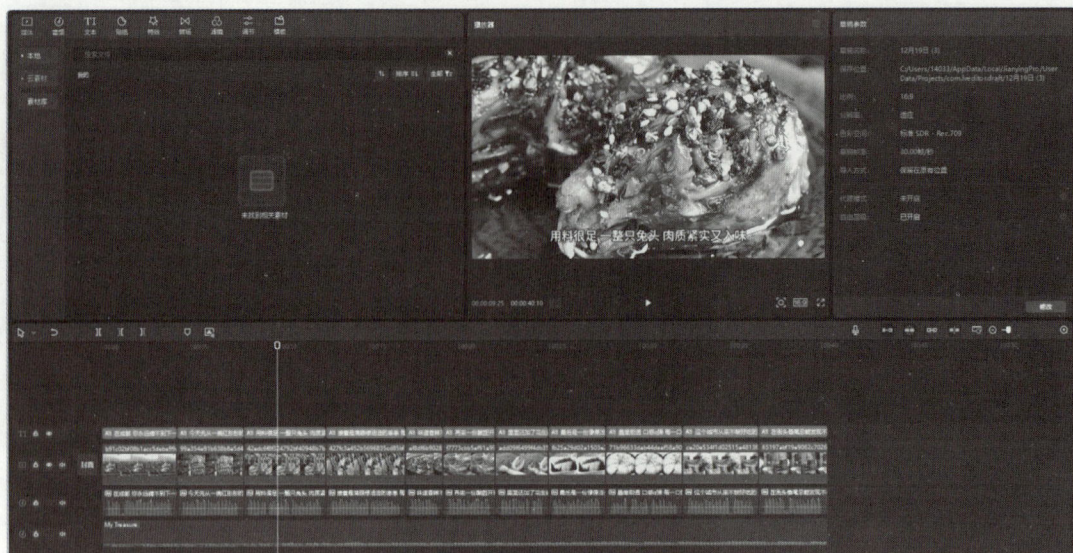

图 7-42　视频编辑器界面

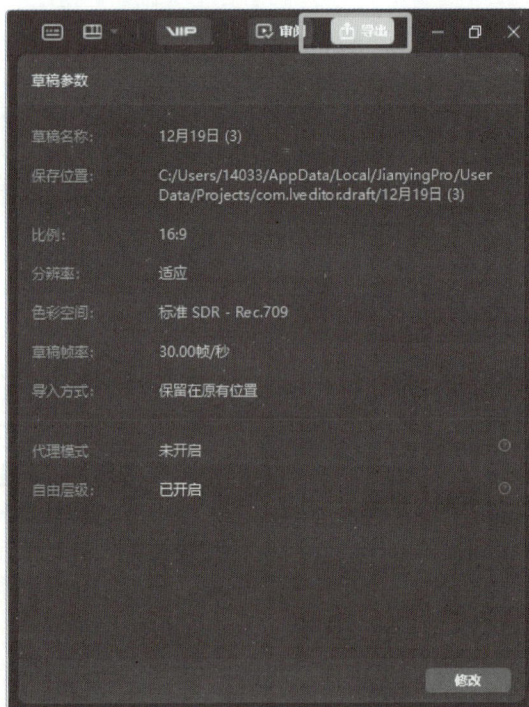

图 7-43　单击"导出"按钮

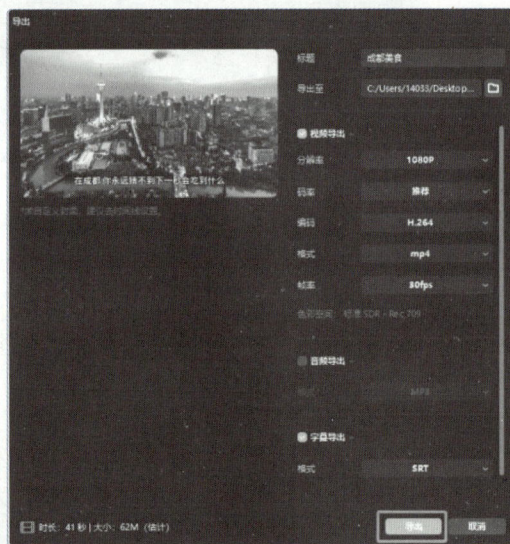

图 7-44　设置好视频的相关参数并导出视频

7.3.5　使用鬼手剪辑生成视频解说

1．任务描述

借助鬼手剪辑，生成高质量的短剧解说视频。

2．实验步骤

步骤1：登录鬼手剪辑平台。通过浏览器访问鬼手剪辑官方网站，进入鬼手剪辑平台首页，单击"登录"按钮（见图7-45），在弹出的界面中，使用邮箱、手机号或微信扫码登录（任选一种方式登录即可）。若尚未注册，请单击"注册"按钮，并按照提示完成账号创建。登录成功后，单击鬼手剪辑平台首页中的"更多"按钮，在弹出的界面中单击"短剧解说"（见图7-46），进入"短剧解说"功能界面（也可通过鬼手剪辑平台首页的"创作工具"选项卡找到"短剧解说"功能入口）。

图 7-45　鬼手剪辑平台首页

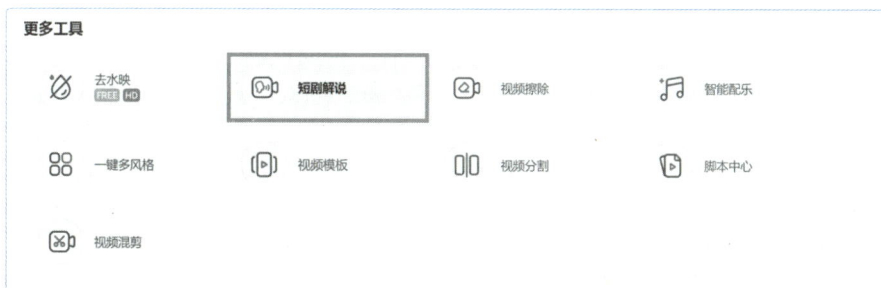

图 7-46　"短剧解说"功能入口

步骤2：上传视频。进入"短剧解说"功能界面（见图7-47）后，单击"上传视频"按钮，将弹出"上传视频"界面（见图7-48），在该界面中可以选择上传本地视频（支持上传mp4、avi、mov、mkv、mpg等格式文件，文件大小不超过400M），或者单击"从我的视频选择视频"进入素材库选择视频，或者输入想要解说的短剧视频链接，还可以导入百度网盘视频，这里选择上传本地视频，上传提前准备好的视频素材文件"短剧解说输入视频.mp4"（可以从本书资源平台下载该文件）。视频上传完后，系统会对视频进行自动预处理。预处理结束后，单击"确定"按钮。

需要说明的是，视频素材"短剧解说输入视频.mp4"来源于互联网，仅作为教学案例演示使用。

图 7-47　"短剧解说"功能界面

图7-48　"上传视频"界面

步骤3：识别字幕和角色。视频上传完成后，选择"台词识别方式"和"视频中出现的语言"（见图7-49）。对于台词识别方式，如果视频中没有字幕，可以选择"通过视频语音识别"获取字幕；如果视频中有字幕，可以选择"已有原文字幕，跳过识别"，选中后，需要上传视频的字幕文件，如果没有字幕文件，可以选择"通过视频语音识别"，这里选择"通过视频语音识别"来获取字幕。对于视频中出现的语言，可以选择"中文"，系统会自动选中"智能识别角色"复选框。确认后单击"开始创作"按钮。

特别说明：对于非会员用户，系统只会生成前60s草稿；如果需要生成完整的草稿，则需要付费后再单击"开始创作"按钮。

图7-49　选择"台词识别方式"和"视频中出现的语言"

步骤4：生成解说词。单击"开始创作"按钮后，系统会自动对视频进行处理，处理完成后视频会被保存在"最近草稿"里，如图7-50所示。单击"编辑视频"，进入"校对台词"界面，如图7-51所示。首先，对原视频台词字幕进行校对，确认无误后，单击"修改角色名"，进入"角色管理"界面（见图7-52），在此界面可以修改或定义视频角色名。因为角色名会影响系统生成的解说词，所以推荐将相关角色名修改成视频中出现的角色名称，这里修改3个角色名分别为"大小姐""二小姐"和"小仆"。修改完成后，单击"确认"按钮。接着，单击字幕上方的"进行解说"

按钮（见图7-51），系统会自动生成视频的解说词。如果对生成的解说词不满意，可以单击"重新生成"按钮（见图7-53），系统会自动生成多个不同版本的解说词（用户可免费使用3次，如果需要生成更多版本的解说词，超过3次后，每次生成解说词扣2点）。当然，也可以对生成的解说词进行调整、删改等。这里选择第3版解说词作为视频的解说词。

图 7-50　处理完成后的视频被保存在"最近草稿"里

图 7-51　"校对台词"界面

图 7-52　"角色管理"界面

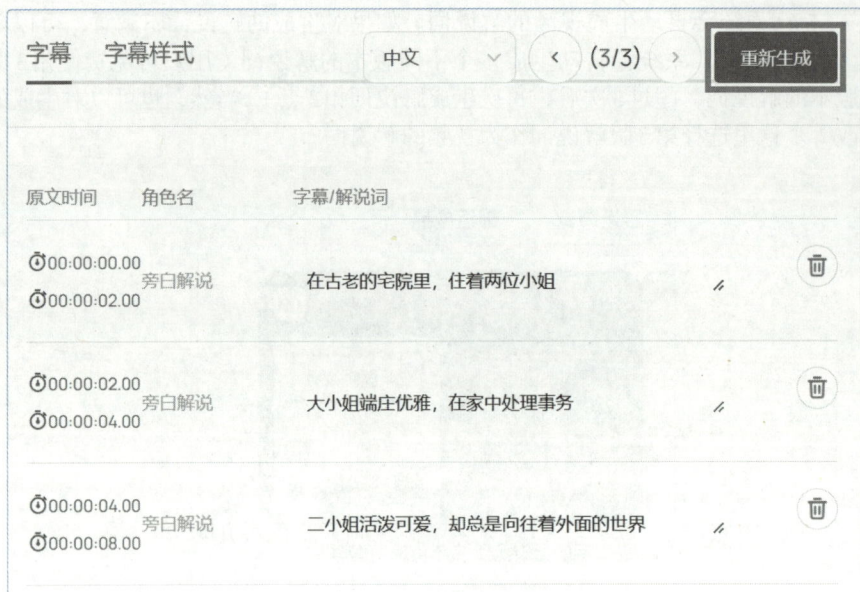

图7-53　确认解说词

步骤5：选择配音。确认解说词后，单击左侧工具栏中的"配音"按钮，进入"配音设置"界面（见图7-54），选择你喜欢的配音音色，这里选择"经典声音"里面的"旁白解说"→"青年男生-普通话"作为配音音色。

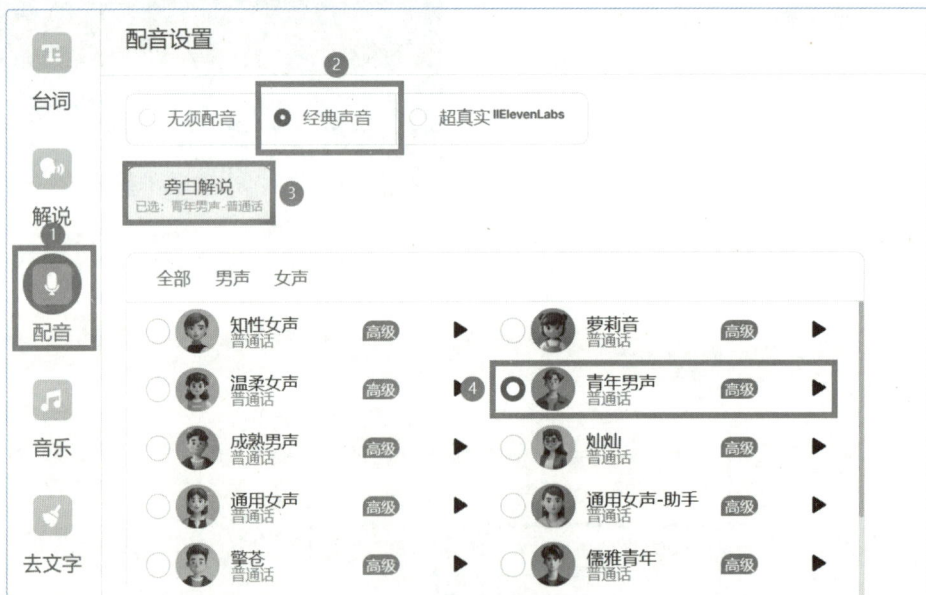

图7-54　"配音设置"界面

步骤6：设置音乐。设置完配音乐后，单击左侧工具栏中的"音乐"按钮，进入音乐设置界面（见图7-55），在"视频原声"栏可以选择"保留背景音"，也可以选择"原视频静音"，这里选择"保留背景音"；在"添加音乐"栏，可以上传本地音乐作为背景音乐，也可以从"音乐库"中选择音乐作为背景音乐。由于视频"短剧解说输入视频.mp4"自带背景音乐，所以这里选择不添加音乐。

图 7-55　音乐设置界面

步骤 7：去除原视频字幕文字。音乐设置完成后，单击左侧工具栏中的"去文字"按钮，进入去文字设置界面（见图 7-56），在"擦除方式"栏，可以选择"智能去文字"，也可以选择"手工框选标记"，还可以选择"不擦除"，这里选择"智能去文字"；在"需要去掉的文字语种"栏，选择"中文"。接着，单击"提交"按钮（见图 7-57）。

图 7-56　去文字设置界面

图 7-57　单击"提交"按钮

步骤8：生成并下载解说视频。提交系统处理后，系统会自动按照新解说词对视频进行剪裁、处理背景音乐、保留非解说词部分的背景声，自动计算字幕、声音、音乐、视频的对齐关系，并完成解说视频合成。解说视频合成后，被保存在"最近成品"栏里（见图7-58）。单击视频，进入"剪辑作品"功能界面（见图7-59），在该界面可以对生成的视频"调整擦除区域"，也可以选择"发布视频"或"下载视频"。这里选择"下载视频"，下载系统自动生成的解说视频。

图7-58　解说视频合成后被保存在
"最近成品"栏里

图7-59　"剪辑作品"功能界面

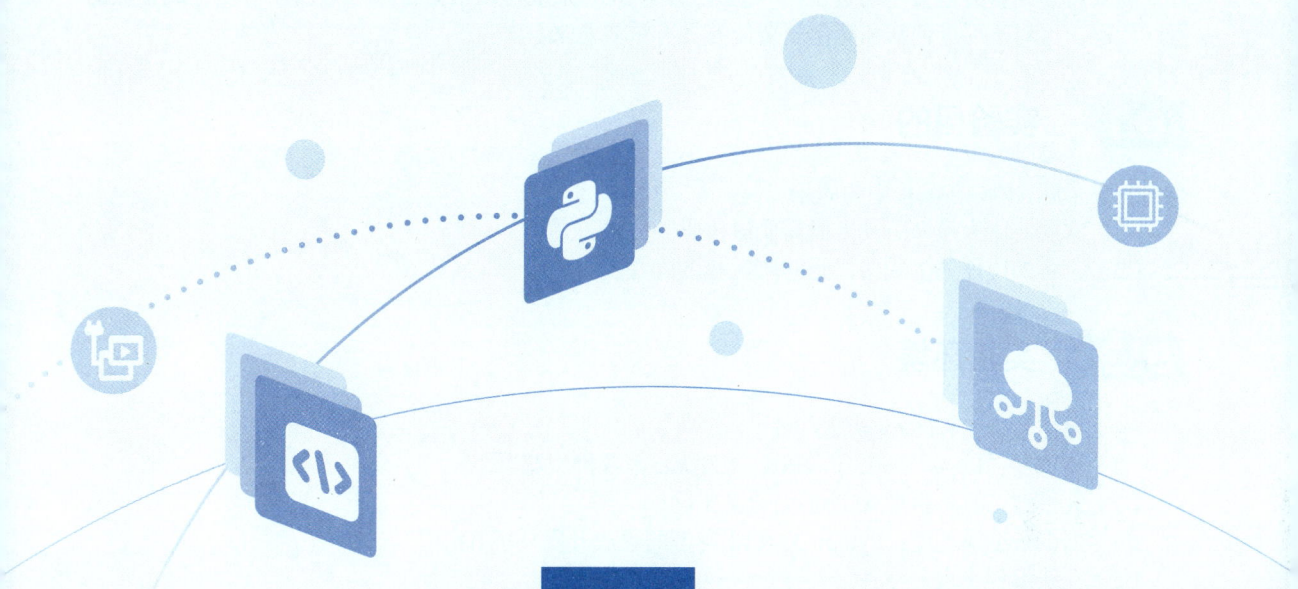

第 8 章

AIGC在编程中的应用实践

在当今快速发展的技术环境中，AIGC已经成为编程领域内一个不可忽视的重要组成部分。了解AIGC的基本概念及其在编程中的应用实践至关重要。通过学习如何利用AIGC工具，如基于深度学习的代码补全、错误检测与修正等，不仅能够提高编码效率，还能增强解决问题的能力。此外，随着自然语言处理技术的进步，一些先进的AIGC系统可以根据自然语言描述自动生成相应的程序代码，这对于促进创新和简化复杂任务具有重要意义。

8.1 实验目的

（1）了解AIGC在编程中的应用。
（2）掌握使用大模型工具生成高质量代码的方法。
（3）了解如何评估生成的代码的质量和准确性。

8.2 实验环境

（1）操作系统：Windows 7及以上。
（2）浏览器：Edge、360、FireFox、Chrome等各种浏览器。
（3）大模型工具：百度AI助手、通义千问。
（4）Python编译环境：Python 3.10.12自带的集成开发环境IDLE。
（5）在线编程平台：洛谷。

8.3 实验内容

8.3.1 编程概念学习

1. 任务描述
通过百度AI助手，了解如何进行编程基础概念的学习。

2. 实验步骤
步骤1：打开百度AI助手。通过浏览器访问百度AI助手官方网站，进入百度AI助手首页，并登录个人账户。在对话框中输入想要咨询的问题"作为大学新生，如何通过百度AI助手，系统地学习Python？"，可以得到相关的结果。

步骤2：学习具体的编程知识。在对话框中输入提示词"请详细解释List的基本概念和用法，并给出示例和参考代码"，可以得到相关的结果。

步骤3：运行和调试代码。如图8-1所示，单击参考代码右上方的"Copy Code"，可以复制百度AI助手生成的参考代码。接着，打开Python的内置编程环境IDLE，运行和调试代码。

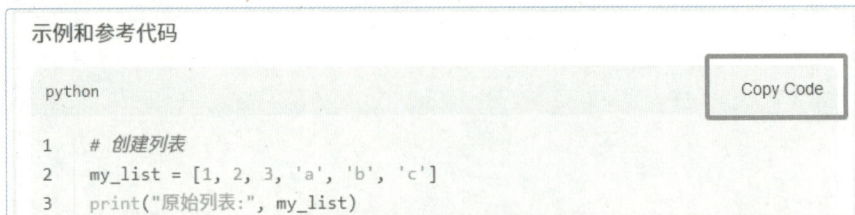

```python
1   # 创建列表
2   my_list = [1, 2, 3, 'a', 'b', 'c']
3   print("原始列表:", my_list)
```

图8-1　复制参考代码

步骤4：调试代码。如果运行代码时出现错误提示，可以将相关代码和错误提示输入百度AI助手的对话框中，向百度AI助手咨询解决方案。图8-2是百度AI助手针对一个错误提示给出的解决方案。

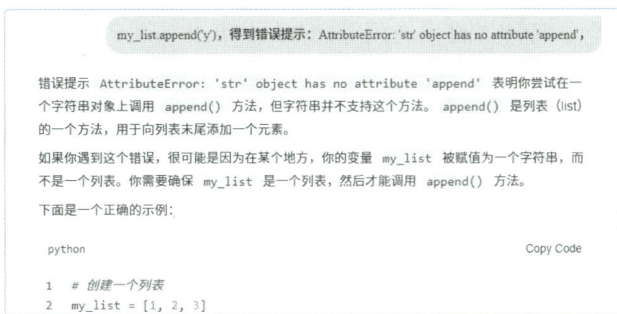

图 8-2 代码错误解析

步骤 5：测试解决方案。根据百度 AI 助手给出的解决方案，修改程序代码并运行，即可得到正确的结果。

通过以上步骤，我们就可以进行编程基础概念的学习，并通过运行和调试代码进一步加深理解。需要注意的是，百度 AI 助手给出的参考代码不一定完全正确，因此，我们需要运行和调试代码，以确保相关代码的正确性。

8.3.2 编程算法学习

1. 任务描述

通过百度 AI 助手的智能体"算法专家"，学习基础算法"选择排序"。

2. 实验步骤

步骤 1：搜索百度 AI 助手的算法智能体。通过浏览器打开百度 AI 助手首页，并登录个人账户。单击页面左侧的"发现智能体"，再单击页面右上角的搜索框，输入"算法"，单击"搜索"按钮，搜索算法智能体，如图 8-3 所示。

图 8-3 搜索算法智能体

步骤 2：了解算法学习方法。单击"算法专家"，进入智能问答模式，输入提示词"应该如何学习算法"，就可以得到学习算法的方法。

步骤3：算法具体实践。了解算法学习方法后，就可以进行具体算法的学习了。下面以选择排序算法为例，介绍如何借助智能体学习具体算法。输入提示词"请详细阐述选择排序算法，包括算法的基本概念、特性、典型应用等，并给出Python代码示例"，智能体会给出具体的回答。

步骤4：算法智能问答。在智能体给出结果以后，我们可以针对其中的内容进行进一步的提问，以加深对算法的理解。比如，我们可以继续输入提示词"如何计算算法的时间复杂度，请给出基本原理和步骤"。

步骤5：算法上机调试。了解算法的相关概念以后，我们可以复制智能体给出的参考代码，在Python的内置编程环境IDLE中，运行和调试参考代码，完成对选择排序算法的学习。

步骤6：算法应用实践。我们可以通过在线编程平台（如洛谷）进行算法练习，解决实际问题。如图8-4所示，使用浏览器访问洛谷官方网站，进入洛谷平台首页，并登录个人账户。单击页面左侧的"题库"，在弹出的界面中，输入关键词"选择排序"，搜索相关实践题目，单击其中的题目进行练习。

图8-4　使用洛谷平台进行算法练习

通过以上步骤，我们可以系统地学习算法，从基础知识到高级应用，不断提升自己的编程水平。

8.3.3　编写一个游戏

1．任务描述

通过通义千问，完成一个飞机大战游戏。

2．实验步骤

步骤1：打开通义千问的对话模式。首先通过浏览器访问通义千问官方网站，并登录个人账户。单击左侧菜单栏的"对话"，进入对话模式。

步骤2：输入初始提示词。在对话框中输入提示词"请使用Python开发一个飞机大战游戏，并阐述详细的开发步骤"，生成的回复如图8-5所示。

步骤3：下载项目工程文件和相关的图片、音效等资源。在对话框中输入提示词"请提供项目工程文件和相关的图片、音效等资源，以供下载"，生成的回复如图8-6所示。

如果无法通过网络下载相关的项目资源，可以输入提示词"无法打开项目地址，'This site can't be reached'，是否可以提供本地下载"，要求提供本地下载方式，如图8-7所示。

图 8-5　开发飞机大战游戏

图 8-6　下载项目工程文件和资源

图 8-7　本地下载项目资源

如果生成结果中的图片文件（比如图8-7中的player.png、enemy.png和bullet.png）无法下载，我们可以自己制作图片或者通过其他方式获取图片（比如通过百度搜索图片）。

步骤4：部署飞机大战游戏代码。根据之前的提示，下载相关的项目资源，并在本地配置相关环境，运行和调试程序。按"Win+R"键，打开Windows系统的"运行"对话框，在该对话框中输入"powershell"，单击"确定"按钮或按"Enter"键，打开PowerShell，并输入命令"pip install pygame"，如图8-8所示。

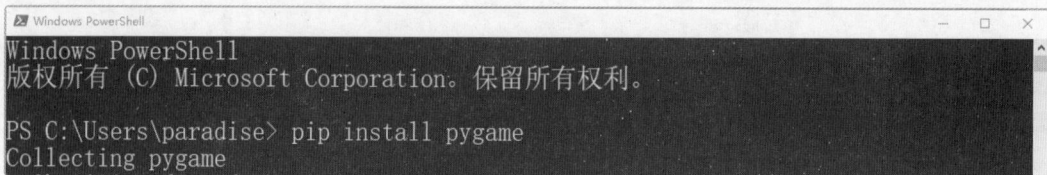

图8-8 安装Pygame库

步骤5：运行和调试飞机大战游戏。从本书资源平台下载plane_war.rar文件，解压缩后得到一个目录plane_war（目录结构如图8-9所示），把这个目录复制到计算机的C盘根目录下。接着，在PowerShell中使用命令"cd c:\plane_war"进入飞机大战游戏项目目录，继续输入命令"python main.py"，就可以成功运行飞机大战游戏，运行效果如图8-10所示。

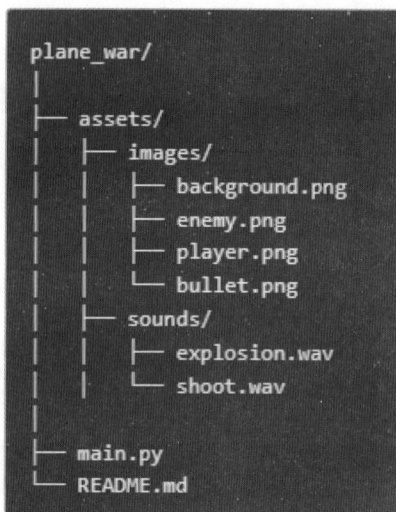

图8-9 目录结构

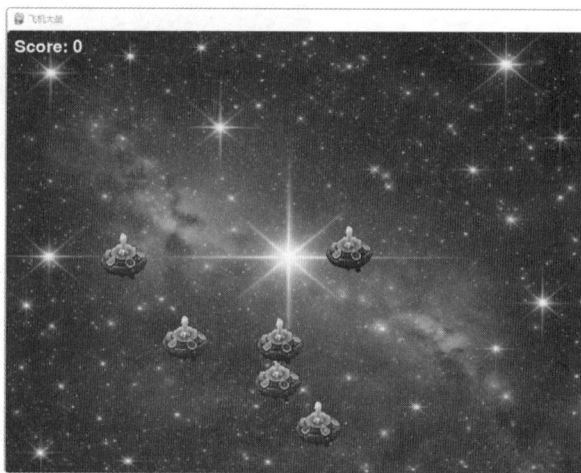

图8-10 飞机大战游戏主界面

步骤6：完善飞机大战游戏。可以进一步对飞机大战游戏进行完善，比如添加开始和结束界面。将飞机大战游戏代码文件"main.py"的全部内容作为提示词，通义千问会给出代码优化建议，如图8-11所示。

将相应的代码块复制到"main.py"中，即可完成开始和结束界面的添加。接着，再次运行和测试飞机大战游戏。

步骤7：进一步运行和调试飞机大战游戏。运行飞机大战游戏后，发现无法显示中文，为了解决这个问题，我们可以输入提示词"游戏无法正确显示汉字"，通义千问会给出修改建议，如图8-12所示。

在网上下载字体文件"simhei.ttf"（也可以从本书资源平台下载），并将它复制到项目目录"plane_war\"下，再运行游戏即可。飞机大战游戏的开始和结束界面如图8-13所示。

图 8-11　完善飞机大战游戏

图 8-12　显示中文修改建议

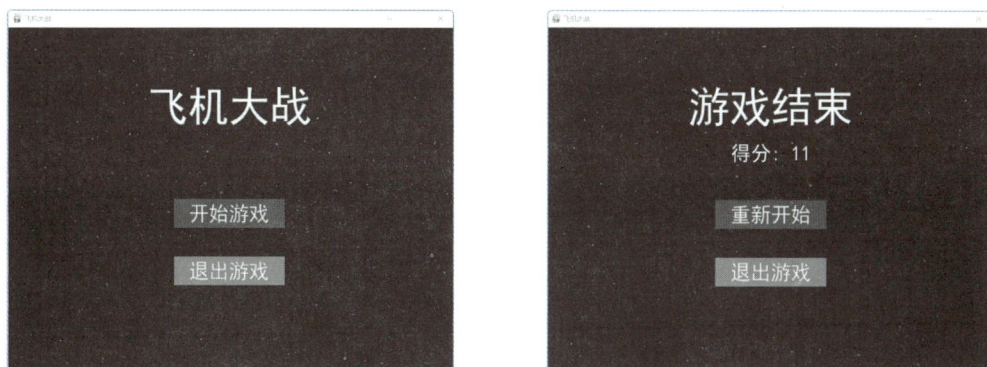

图 8-13　飞机大战游戏的开始和结束界面

通过以上步骤，只要简单的几步配置，就可以开发一款功能相对完善的飞机大战游戏，这大大提升了游戏开发效率。

8.3.4 在线编程解题助手

1. 任务描述

首先从洛谷平台获取一道编程题目，然后使用通义千问生成解题代码，再将代码提交给洛谷平台进行验证。

2. 实验步骤

步骤1：从洛谷平台选题。这里以题号"P1004"为例进行演示。在洛谷平台上，单击页面左侧的"题库"，再在"题目列表"下方的"关键词"搜索框中，输入题号"P1004"，单击"搜索"按钮，在搜索结果中，单击相应的题目，进入题目详情页面，如图8-14所示。

图8-14　从洛谷平台选题

步骤2：打开通义千问的代码模式。首先通过浏览器访问通义千问官方网站，并登录个人账户。单击左侧菜单栏的"对话"，进入对话模式。在对话框中，输入"代码模式"，进入通义千问的代码模式。

步骤3：题目求解。从洛谷平台复制题目信息，粘贴到通义千问的问题输入框中，得到问题的解决方案，如图8-15所示。通义千问的代码模式一般分为左右两个部分，左边是解决方案的代码展示，右边是代码相关说明。左边下方的菜单栏提供了复制、代码注释、编辑、转换语言、下载等功能；右边下方的输入框用于进行进一步的智能问答。我们可以单击左边下方菜单栏中的"转换语言"按钮，在弹出的列表中选择Python，将默认的C++源代码转换为相应的Python源代码。

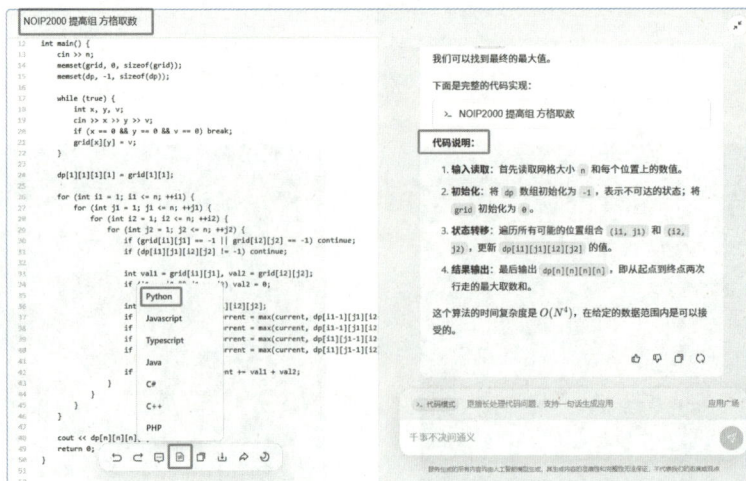

图8-15　问题解决方案

步骤4：提交答案并测试是否通过。在通义千问中，单击左边下方菜单栏中的"复制"按钮，复制Python源代码，并在洛谷平台上提交该代码进行测试。注意，如图8-16所示，我们需要在页面上方选择Python语言，再单击页面下方的"提交评测"按钮，很快就可以得到题目测试通过的反馈。

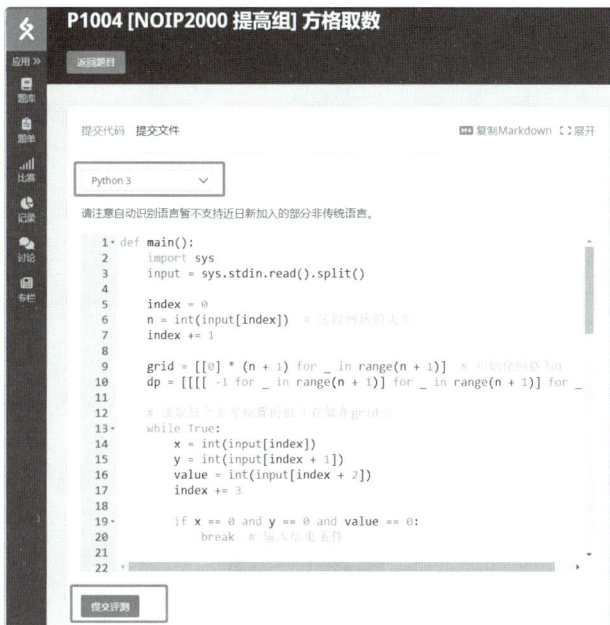

图8-16　提交评测

步骤5：题目解析。虽然我们可以通过通义千问快速得到题目的解决方案，但是这不能直接提高我们自身的编程水平。因此，我们需要对题目进行进一步的解析，按照IPO编程模型来一步步求解。IPO模型是一个基本的编程理念，它代表输入（input）、处理（process）和输出（output）3个步骤。这个模型适用于大多数编程任务，无论是简单的脚本还是复杂的软件系统。

步骤6：输入模块解析。在通义千问的问题输入框中，输入提示词"请结合输入处理部分的代码，对输入模块，从建模到代码进行详细阐述"，就可以得到关于输入模块的详细解析，包括题目分析与建模、输入处理建模、输入处理实现代码以及代码的详细解析等。

步骤7：处理模块解析。在通义千问的问题输入框中，输入提示词"请结合路径处理模块部分的代码，对处理模块，从建模到代码进行详细阐述"，就可以得到关于处理模块的详细解析，包括题目分析与建模、路径处理建模、路径处理实现代码以及代码的详细解析等。如果对动态转移方程不太熟悉，可以输入提示词"如何设计本题的动态转移方程"，进行进一步的追问。

由于输出模块比较简单，这里不再赘述。在实际编程学习中，借助大模型工具和在线编程平台，可以逐步提高自身的编程水平。

第 9 章

AIGC其他应用实践

前面章节围绕 AIGC 在文本、图片、音频、视频以及编程领域的应用展开了介绍，AIGC 技术的高速发展使它在其他领域也发挥着重要作用，本章就来介绍 AIGC 在工作、学习、生活中的常见应用。

9.1　实验目的

（1）掌握 AIGC 在表格数据统计分析、产品评论数据关键词分析上的应用。
（2）能够使用 AIGC 来求解难题、辅助学习。
（3）能够使用 AIGC 来辅助生活娱乐。

9.2　实验环境

9.2.1　环境需求

（1）操作系统：Windows 7 及以上。
（2）浏览器：Edge、360、FireFox、Chrome 等各种浏览器。
（3）大模型工具：智谱清言、通义千问。

9.2.2　大模型工具介绍

智谱清言是北京智谱华章科技有限公司推出的生成式 AI 助手，基于智谱 AI 自主研发的中英双语对话模型 ChatGLM2。它具备通用问答、多轮对话、创意写作、代码生成等能力，并可用于 AI 生图、生视频等场景。智谱清言拥有强大的知识储备和出色的对话能力，可为用户提供智能化服务，适用于工作、学习、科研、娱乐等多种场景。前文已介绍通义千问，此处不赘述。

9.3　实验内容

9.3.1　基金数据分析

1．任务描述

利用智谱清言的数据分析模块，通过读取并分析存放在表格中的每日基金净值数据，了解 AIGC 在表格类型数据分析方面的相关应用。

2．实验步骤

步骤 1：访问智谱清言官方网站并注册登录。智谱清言是一款生成式 AI 助手，数据分析是其中的一个功能模块。使用浏览器访问智谱清言官方网站，进入智谱清言首页，如图 9-1 所示，单击"立即体验"按钮。首次使用该产品的用户，需要按照网站提示进行用户注册。完成用户注册并登录后，打开图 9-2 所示的智谱清言主页，并单击"数据分析"（见图 9-2 中的标注 1），"数据分析"功能界面中包含提示词输入框（见图 9-2 中的标注 2）。

步骤 2：图 9-3 是某基金月净值表截图，读者可以从本书资源平台下载该图片文件。首先，单击提示词输入框左侧的

图 9-1　智谱清言首页

文件夹图标，在弹出的界面中单击"本地文件选择"，再选中该图片文件（也可以直接复制图片并粘贴到提示词输入框）；其次，输入提示词"这是某基金 2024 年 11 月每日净值数据，请用折线图表示其每日净值的波动，并进一步提供该基金的风险分析，预测其在次月的涨幅情况"，并按回车键。系统分析结果如图 9-4 和图 9-5 所示，图 9-4 表明系统读取并分析了截图中的数据，且按要求输出了折线图；图 9-5 表明系统对该基金进行了风险分析并进行了次月涨幅预测。

图 9-2　"数据分析"功能界面

图 9-3　某基金月净值表截图

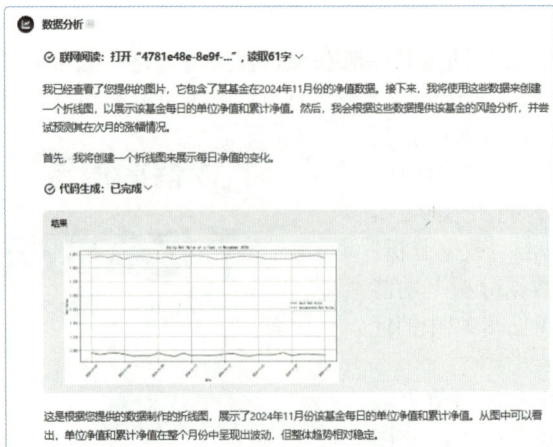

图 9-4　基金数据分析结果 1

接下来，我将基于这些数据为您提供该基金的风险分析。

1. **波动性分析**：从数据中可以看出，该基金的增长值和增长率在较小的范围内波动，最大增长值为0.0011元，最大增长率为0.09%，这表明该基金的日波动性较低。

2. **风险度量**：通常，标准差是衡量基金风险的一种常用方法。然而，由于没有具体的每日净值数据，无法准确计算标准差。但根据提供的数据范围，可以推测该基金的风险较低。

3. **市场环境**：基金的表现也受到市场环境的影响。如果市场在11月份整体表现稳定，这可能会反映在该基金的低波动性上。

4. **历史表现**：虽然历史表现不代表未来结果，但稳定的过去表现可能表明该基金管理团队的有效管理能力。

最后，关于预测次月的涨幅情况，需要强调的是，基金的未来表现受到多种因素的影响，包括市场动态、经济环境、政策变化等，因此任何预测都存在不确定性。然而，基于目前的数据和市场环境，可以谨慎预测该基金在次月可能会保持相对稳定的增长趋势，但具体的涨幅难以预测。

请注意，这些分析和预测仅供参考，实际投资决策应考虑更多因素，并建议咨询专业的财务顾问。

图9-5　基金数据分析结果2

9.3.2　产品评论数据关键词分析

1. 任务描述

利用智谱清言的数据分析功能模块，通过输入用户对某产品的评论数据，要求智谱清言提取评论中出现的关键词，对评论加以分类与分析，并提出建议，由此了解AIGC在非结构化数据方面的相关应用。

2. 实验步骤

步骤1：打开智谱清言主页（见图9-2）。使用浏览器访问智谱清言官方网站，打开智谱清言主页。

步骤2：进行数据分析。从本书资源平台下载文件"拖鞋评论.xlsx"，并将其加载到智谱清言的"数据分析"功能界面中；输入提示词"这是某企业收集的用户对其某拖鞋产品的130条反馈意见，请将这些反馈分为好评、投诉、建议等不同类别，列出不同类别占比并用饼状图表示。分析：基于这些反馈，企业对该产品可做怎样的提升？"，并按回车键。系统返回的结果包含数据读取、数据预处理、关键词提取分类、饼图以及产品提升建议等内容，部分结果如图9-6所示。

根据用户对某拖鞋产品的130条反馈意见，我将这些反馈分为了以下几类：

- **好评**：87条，占比约为67%。这类反馈主要集中在对拖鞋的舒适性、防滑设计、速干性能以及整体质量表示满意。

- **投诉**：25条，占比约为19.2%。投诉主要涉及尺码不准确、产品质量问题（如压胶严重、破损、做工粗糙等）、物流服务不佳等方面。

- **建议**：18条，占比约为13.8%。这些建议包括改善漏水孔的设计以提高穿着舒适度、调整发货方式（例如使用更快速或更可靠的物流公司）、考虑改进某些细节（如颜色选择、风格设计等）。

分析与提升建议：

1. **产品品质控制**：针对一些用户提到的质量问题，企业应该加强生产过程中的品质控制，确保每一批次的产品都能达到预期的标准。特别是要解决用户提到的压胶问题和材料边缘处理的问题，以减少因质量问题引发的投诉。

图9-6　部分结果

9.3.3 高数题求解

1. 任务描述

利用智谱清言的数据分析功能模块，输入高数题目，由系统自动生成该题的解答过程；进一步地，要求系统提供同类型题目及其解析。

2. 实验步骤

步骤1：打开智谱清言的"数据分析"功能界面。使用浏览器访问智谱清言官方网站，打开"数据分析"功能界面。

步骤2：数学题初步解答。这里有一道高数证明题，如图9-7所示，读者可以从本书资源平台下载该图片文件。在提示词区域加载该图片文件；输入提示词"请求解这道数学题"，并按回车键。系统生成分析结果，如图9-8所示，它包含对本题的思考、执行以及详细的证明步骤。

设函数 $f(x)$ 在 $[0,1]$ 上连续且单调递减，证明对任意的 $q \in [0,1]$，
$\int_0^q f(x)\mathrm{d}x \geqslant q\int_0^1 f(x)\mathrm{d}x$。

图9-7　高数证明题

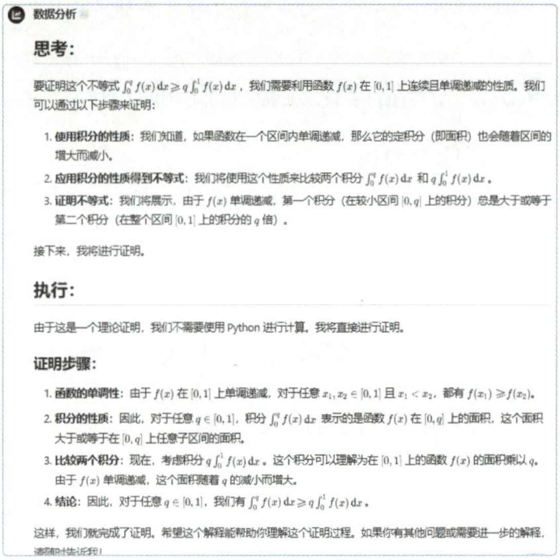

图9-8　高数证明题分析结果

步骤3：同类题型学习。为了加深对该类型题目的理解，在提示词输入框中输入"还有类似的题目吗？"，系统会给出一道类似题目并列出解题思路。

9.3.4 一键生成二维码

1. 任务描述

利用智谱清言的数据分析功能模块，输入目标网站网址，一键生成该网站的二维码，用手机扫描该二维码可以访问该网站。

2. 实验步骤

步骤1：打开智谱清言的"数据分析"功能界面。使用浏览器访问智谱清言官方网站，打开智谱清言的"数据分析"功能界面。

步骤2：生成二维码。在提示词输入框中输入"请生成一张二维码，扫描该二维码将访问网站www.***.edu.cn（夏门大学官方网站网址）"，按回车键，系统返回结果如图9-9所示。单击"下载二维码"，

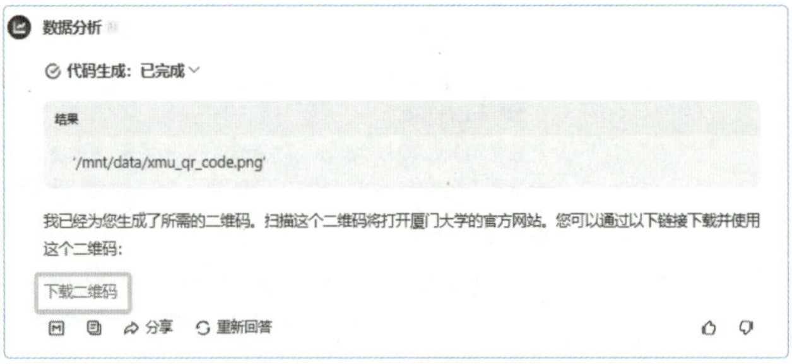

图9-9　系统生成二维码

就可以下载生成的二维码图片，再使用手机扫描该二维码图片，就可以打开厦门大学官方网站首页。

9.3.5　问题拆解

1. 任务描述

利用通义千问的对话模式，输入需要被拆解的问题，通义千问会多角度、分步骤地把该问题拆解为若干小问题，并给出解决问题的初步方案；我们在回答各个小问题后，通义千问将返回具体行动建议。我们还可以要求通义千问进行更低粒度的问题拆解。

2. 实验步骤

步骤1：访问通义千问官方网站并注册登录。通过浏览器访问通义千问官方网站，单击首页右上角的"登录/注册"按钮，打开登录页面，使用手机号登录，或者使用淘宝App扫码登录。在打开的首页上，单击左侧菜单栏中的"对话"按钮，进入通义千问的对话模式。

步骤2：初步拆解问题。在提示词输入框中输入"请帮我拆解问题、探讨真实意图并提供方案，我的问题是：我在大学学习上遇到了难题。"，系统返回图9-10所示结果，系统就明确问题范围、问题性质、个人情况、潜在因素、真实意图方面提出了一些问题，并给出了初步解决方案。

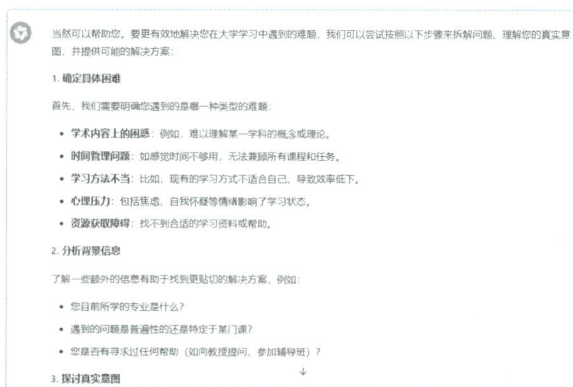

图9-10　初步拆解问题

步骤3：深入拆解问题。围绕系统提出的问题，在提示词输入框中输入"我在高等数学的学习上遇到了难题，这个难题从开学一直延续到现在，有两个多月了，造成我对数学学习很没信心，对大学学习产生了很强的畏难情绪。我认真上课，但课后作业很难快速正确地完成，期中考试成绩不理想。我想提高我的数学成绩。"，并按回车键。系统返回具体的行动计划建议，如图9-11所示。我们可以继续输入提示词"我可以在哪里找到更多的数学学习资源？"，以获得进一步的帮助。

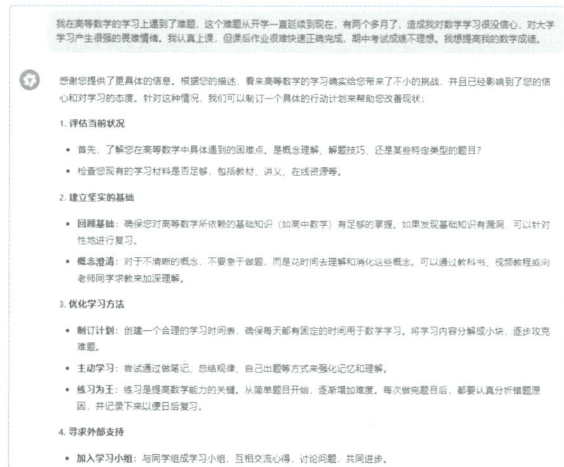

图9-11　深入拆解问题

9.3.6　一对一复习助手

1．任务描述

利用通义千问的对话模式，要求系统扮演某学科一对一复习助手的角色，能够有针对性地出题，并对用户给出的答案进行分析，找到其薄弱之处，并提出建议；再根据用户的需要，针对该薄弱之处列举同类型问题，并给出详细分析与解答。

2．实验步骤

步骤1：出一道雅思阅读题。使用浏览器访问通义千问的官方网站，进入通义千问的对话模式，在提示词输入框中输入"请扮演雅思考试阅读部分一对一复习助手的角色，依据历年雅思考试真题中阅读题的难度与特点，为我出一道学术型阅读题（先不要提供答案）"，并按回车键。系统返回一道阅读题的题干和5道选择题，如图9-12所示。

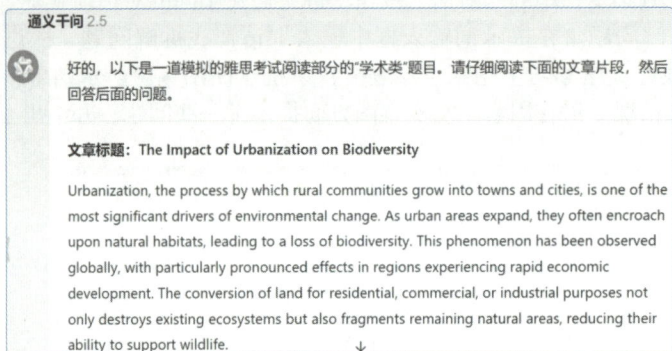

图9-12　系统返回的阅读题

步骤2：输入阅读题答案并要求系统给出针对性分析。在提示词输入框中输入"对于以上5道选择题，我的答案依次是C、A、C、B、D。请判断我的答案正确与否并说明理由。根据我的答题情况分析我在阅读上的薄弱点，并对短期提高雅思考试阅读部分分数献策。"，并按回车键。系统返回图9-13所示内容，里面包含每道题的正确答案和解析，且系统根据用户答案逐项分析知识薄弱点，并提供了提分策略。

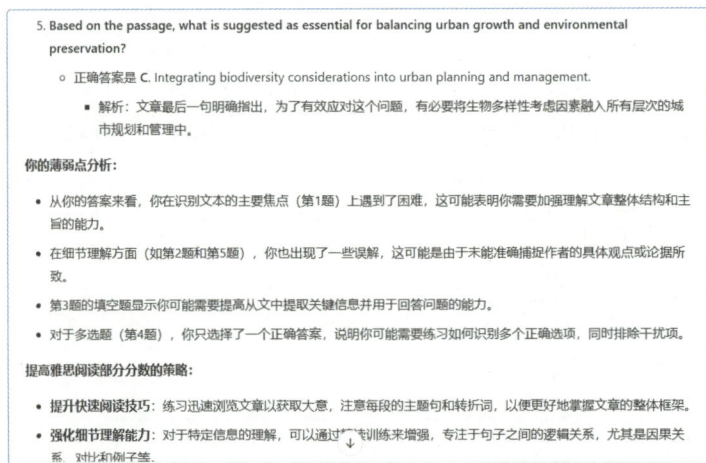

图9-13　系统返回的分析结果

步骤3：同类型问题的再学习。在提示词输入框中输入"请再出一道雅思'学术类'阅读题；针对每道问题的答案，解析从原文何处找到依据，并提供详细的说明"，并按回车键，系统不仅列出了新的题干与题目，还针对每道题的答案从原文中找出依据并进行细致说明，如图9-14所示。

答案及解析：

1. What does the passage mainly discuss?

- 正确答案是 **C**. The evolution and challenges of solar power technology.

  - 解析：文章主要讲述了太阳能技术的发展历程及其面临的挑战。第一段提到了太阳能技术的进步，第二段讨论了成本下降的原因，第三段介绍了智能电网的整合，最后一段则指出了当前存在的障碍。因此选项 C 最能概括全文内容。

图 9-14　系统给出答题依据

9.3.7　生成与优化朋友圈文案

1．任务描述

利用通义千问的对话模式，生成符合一定条件的朋友圈文案；针对系统的返回结果，提出修改意见，让系统返回优化后的朋友圈文案。

2．实验步骤

步骤 1：生成初步文案。使用浏览器访问通义千问官方网站，进入通义千问的对话模式，输入提示词"请帮我生成朋友圈文案：我是大一新生，刚参加完校运动会 800m 比赛，尽管没拿到理想的名次，但心情很激动、很开心"，并按回车键，系统返回图 9-15 所示结果。

当然可以，以下是一则适合大一新生参加完校运动会 800m 比赛后的朋友圈文案：

🏃 冲过终点线的那一刻，我听到了心跳的声音。作为一个初入校园的大一萌新，第一次站在校运会 800m 的赛场上，紧张与期待交织在一起。虽然最终的成绩不是我梦想中的那样闪耀，但这一路跑来，我收获了比名次更珍贵的东西——坚持的力量、汗水的滋味和那一声声为我加油的呐喊。

🏆 比赛有输赢，但热爱无界限。感谢这次经历，它让我明白了超越自己才是最酷的事。未来的日子里，无论是跑道上还是生活中，我都将带着这份激情和勇气继续前行！

🏅 今天的我没有成为冠军，但我看到了更好的自己。这，就是成长吧。#校运动会 #800m 挑战 #青春不悔

希望这段文字能够表达出你的心情，并且得到朋友们的共鸣和支持！

图 9-15　系统生成的朋友圈文案 1

步骤 2：优化文案。再输入提示词"文案太励志了，请体现风趣幽默的风格"，系统返回图 9-16 所示结果，虽然主题一致，但风格已发生变化。

当然，理解了你的需求后，我们可以调整文案风格，加入一些风趣幽默的元素。以下是更加轻松愉快版本的朋友圈文案：

hare races tortoise, but today at the university sports meet, I decided to add myself into this classic tale – except in my version, I'm both the hare and the tortoise! 🐇🐢

🐇 大一的我，怀着一颗想飞的心，参加了人生中第一次校运动会 800m 比赛。虽然结果是...好吧，名次上可能没那么理想，但至少我没有变成跑道上的"慢动作艺术大师"。而且，我发现了一个惊人的秘密：原来跑完 800m 后的喘气声可以这么有韵律感，简直是一场个人独奏会！🎵

🏆 不过说真的，看到终点线的时候，我的双腿告诉我："兄弟，我们做到了！"即使没有奖牌加身，但那一瞬间，我觉得自己赢得了整个下午茶时间的冠军！毕竟，跑步是为了更好地吃甜点，不是吗？😊

🏅 今天的我，虽然不是最快的那一个，但绝对是笑容最灿烂的那个。因为我知道，青春就是用来挥洒汗水和偶尔耍宝的嘛！#校运动会 #800m 挑战 #笑对生活

希望这段文案能带给你和朋友们欢笑，同时也能传达出你的心情与感受。

图 9-16　系统生成的朋友圈文案 2

第 10 章

AI搜索实践

随着人工智能技术的飞速发展，AI 搜索已成为人们获取信息、解答疑问的重要工具。相比传统的关键词搜索，AI 搜索不仅能够根据用户的需求提供更加精确的答案，还能够理解语义，提供个性化推荐。本章将通过一系列实验，带领读者体验不同的 AI 搜索平台，帮助读者体验并掌握 AI 搜索的基本功能，提高搜索效率，解决现实问题。

10.1　实验目的

（1）体验不同 AI 搜索平台的功能，包括智能问答、信息整合、个性化推荐和图像识别等，感受 AI 技术带来的便捷性和智能化优势。

（2）了解如何在日常生活、学习和工作中应用 AI 搜索，以高效获取所需信息。

（3）掌握不同 AI 搜索平台的基本操作，提升信息搜索和处理的能力。

10.2　实验环境

10.2.1　环境需求

（1）操作系统：Windows 7 及以上。

（2）浏览器：Edge、360、FireFox、Chrome 等各种浏览器。

（3）大模型工具：豆包、Kimi、天工 AI。

10.2.2　大模型工具介绍

豆包是字节跳动公司基于云雀模型开发的 AI 工具，提供聊天机器人、写作助手、英语学习助手和音乐生成等功能。它可以回答各种问题并进行对话，帮助人们获取信息。

Kimi 大模型是北京月之暗面科技有限公司推出的一款智能助手产品。它支持长文本输入，是全球首个能处理 20 万汉字输入的智能助手。Kimi 具备长文本总结、联网搜索、数据处理、编写代码、翻译等多种功能，可应用于学术论文翻译、法律问题分析、API 文档理解等场景。此外，Kimi 还推出了视觉思考模型 k1，其在图像理解和推理能力上有了显著提升。

天工 AI 是由昆仑万维团队自主研发的一款多模态"超级模型"，旨在为用户提供全方位的智能创作和搜索服务。它具备 AI 写作、文档解析、PPT 制作、视频转绘等多种功能，并广泛应用于信息搜索、学习研究、内容创作等领域。天工 AI 以其强大的功能和广泛的应用场景，成为全球首个能够一站式解决多种复杂问题的全能 AI 工具。用户可以通过计算机浏览器、手机 App 和微信小程序等多种方式访问天工 AI。

10.3　实验内容

10.3.1　体验智能问答与对话式搜索

1．任务描述

通过豆包平台体验其智能问答功能，探索如何快速获得问题的答案。

2．实验步骤

步骤 1：打开豆包平台首页。使用浏览器访问豆包官方网站，进入图 10-1 所示页面。

步骤 2：输入问题。在提示词输入框中输入一个简单的问题"什么是人工智能？"，单击提示词输入框右侧的"发送"按钮，观察系统如何回答这个问题，并分析答案的准确性。

图 10-1   豆包平台首页

步骤 3：提出一个复杂的问题。继续输入"如何提高学习效率？"，单击"发送"按钮，观察系统如何处理该问题。

10.3.2   信息整合与文献总结

1. 任务描述
使用 Kimi 平台体验其长文本处理与信息整合功能，探索如何从长篇文档中提取关键信息。

2. 实验步骤
步骤 1：打开 Kimi 平台首页。使用浏览器访问 Kimi 官方网站，进入图 10-2 所示页面。

图 10-2   Kimi 平台首页

步骤 2：上传一篇学术论文。单击提示词输入框右下方的回形针图标，上传一篇论文 *Attention Is All You Need.pdf*（可以从本书资源平台下载该论文），如图 10-3 所示。

步骤 3：提出一个关于文章内容的问题。在提示词输入框中输入"这篇文章的主要观点是什么？"，单击"发送"按钮，观察系统如何提取文章的关键信息，如图 10-4 所示。

步骤 4：输入更具体的问题。在提示词输入框中输入"文章中提到的核心技术是什么？"，单击"发送"按钮，系统会给出具体的回答。

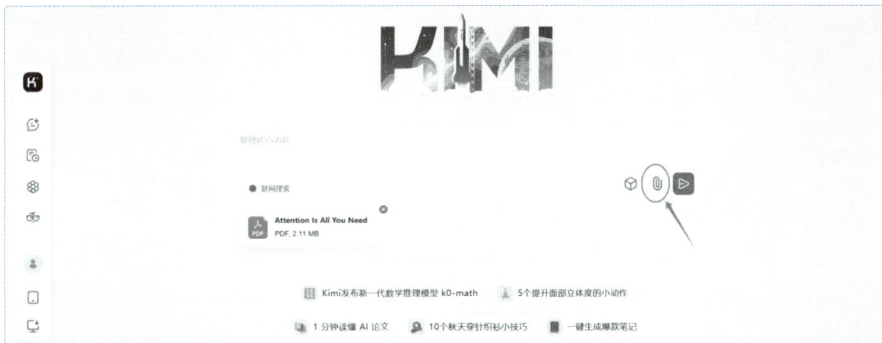

图 10-3　上传一篇论文

图 10-4　系统提取文章的关键信息

10.3.3　个性化推荐与智能搜索

1．任务描述

通过天工AI平台体验其个性化推荐功能，探索其如何根据用户需求推荐相关内容或服务。

2．实验步骤

步骤1：打开天工AI平台首页。使用浏览器访问天工AI官方网站，进入图10-5所示页面。

图 10-5　天工 AI 平台首页

步骤2：输入问题。如图10-6所示，在提示词输入框中输入"推荐一些适合初学者的编程学习资源"，单击"搜索"按钮，观察系统如何根据问题推荐学习资源，并分析推荐内容的相关性。

图10-6　系统推荐的学习资源

步骤3：提出另一个问题。在提示词输入框中输入另一个问题"我是一名在校大学生，请推荐一些旅游目的地。"，观察系统如何根据用户偏好推荐旅游地，特别是结合当地天气、旅游季节等因素。

10.3.4　图像识别与多模态搜索

1．任务描述

通过豆包平台体验其图像识别和多模态搜索功能，探索如何根据图像进行搜索。

2．实验步骤

步骤1：登录豆包平台。使用浏览器访问豆包官方网站，并进行登录，进入图10-7所示页面。

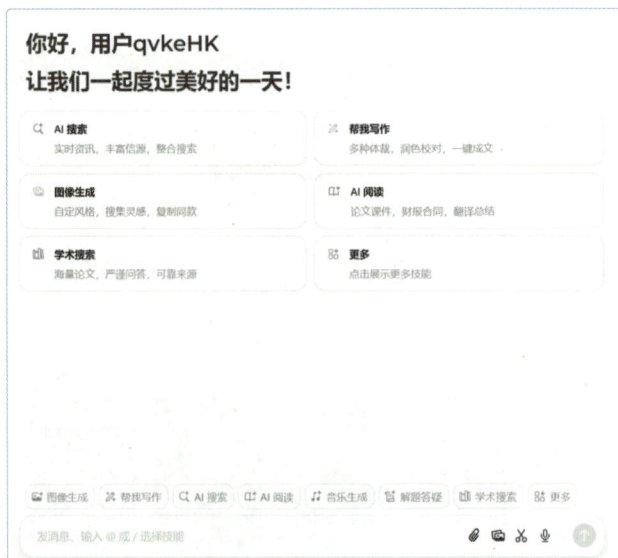

图10-7　登录成功页面

步骤 2：上传一张图像。单击提示词输入框右侧的添加图像按钮，上传一张鱼类的图像（可以从本书资源平台下载该图像文件），如图 10-8 所示。

上传完毕后，单击"发送"按钮，观察系统如何分析图像并提供相关信息，如鱼类名称、周围环境等，如图 10-9 所示。

图 10-8　鱼类的图像

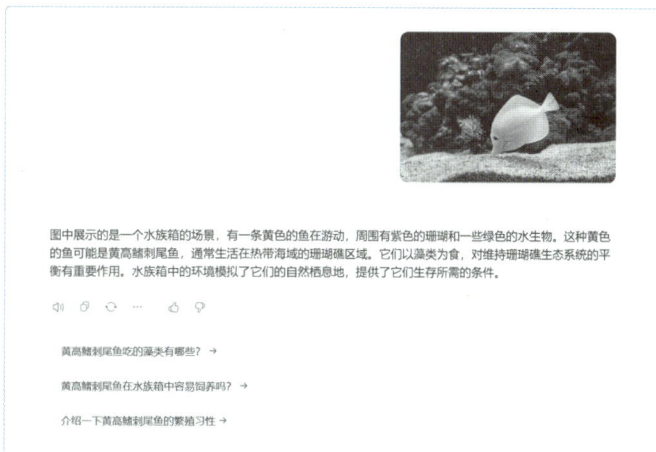

图 10-9　系统分析上传的鱼类图像

步骤 3：输入问题。在提示词输入框中输入"黄金吊适合在水族箱中饲养吗？"，单击"发送"按钮，观察系统如何基于图像信息进行搜索并给出与图像相关的答案，如图 10-10 所示。

图 10-10　系统基于图像回答问题

步骤 4：上传一张图像。单击页面左侧菜单栏中的"新对话"，开启一段新的对话。单击提示词输入框右侧的添加图像按钮，上传一张带有统计图表的图像（可以从本书资源平台下载该图像文件），该图像如图 10-11 所示。

图像上传完毕后，提示词输入框中会自动出现提示词"解释这张图像"，如图 10-12 所示。

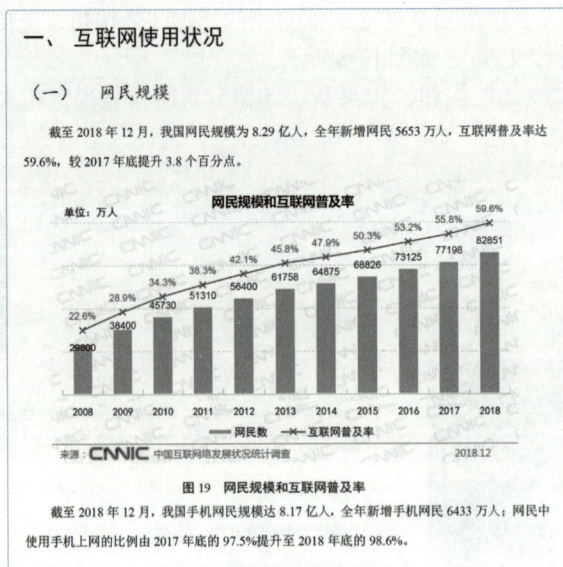

图 10-11 网民规模和互联网普及率截图

图 10-12 图像上传后自动出现提示词

步骤 5：解释包含统计图表的图像。单击自动出现的提示词"解释这张图像"，或者手动输入提示词后单击"发送"按钮，系统会给出针对该图像的具体分析结果，如图 10-13 所示。

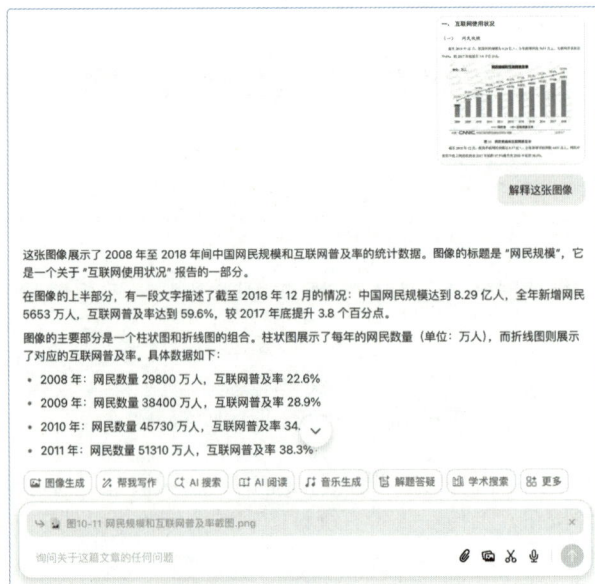

图 10-13 系统分析上传的图像

步骤6：输入问题。在提示词输入框中输入"根据上传的图像分析中国网民规模和互联网普及率未来的发展趋势是怎样的"，单击"发送"按钮，系统会给出具体的分析结果，如图10-14所示。

图10-14　系统基于图像分析未来发展趋势

步骤7：上传一张图像。单击页面左侧菜单栏中的"新对话"，开启一段新的对话。单击提示词输入框右侧的添加图像按钮，上传一张图像（可以从本书资源平台下载该图像文件），该图像内容如图10-15所示。

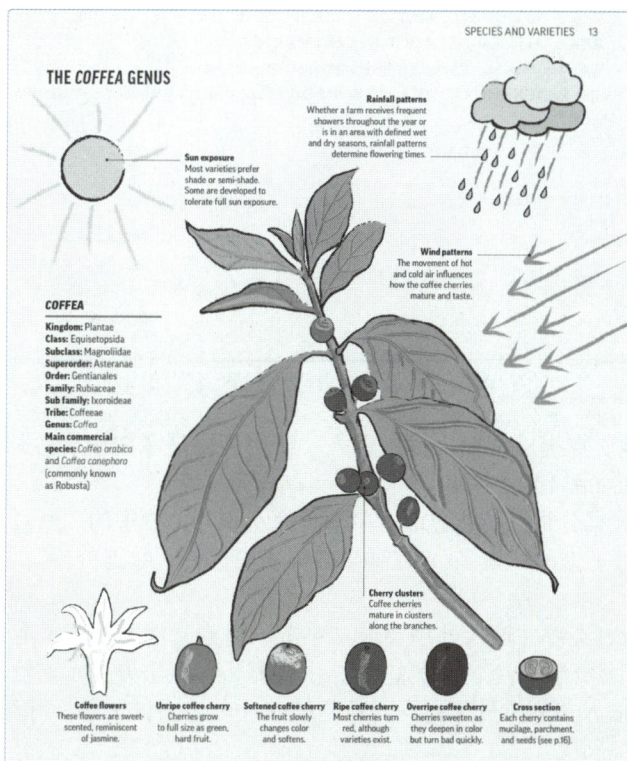

图10-15　某英文书籍里的一页

步骤8：翻译并解释包含英文的图像。单击自动出现的提示词"解释这张图像"，或者手动输入提示词后单击"发送"按钮，系统会给出针对该图像的分析结果，如图10-16所示。

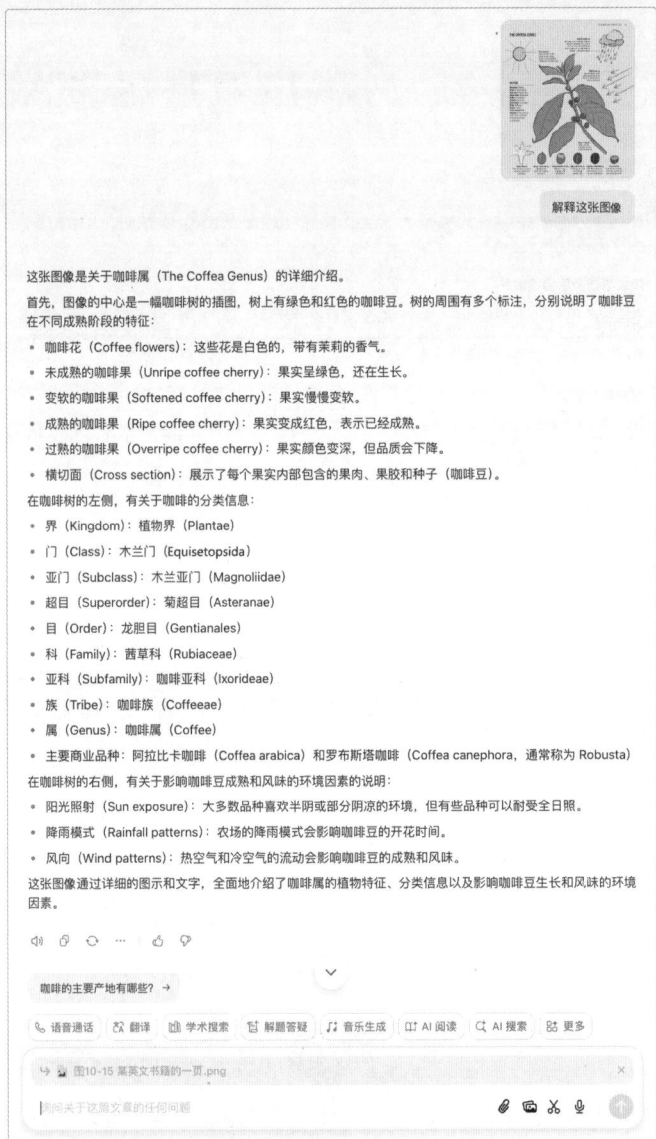

图10-16　系统翻译并解释包含英文的图片

步骤9：输入问题。在提示词输入框中输入"请用表格展示图中表达的信息"，单击"发送"按钮，系统返回的结果如图10-17所示。

步骤10：打开"数据分析"功能界面。单击页面左侧菜单栏中的"新对话"，开启一段新的对话。单击提示词输入框上方的"更多"，在弹出的列表中选择"数据分析"，如图10-18所示，进入图10-19所示界面。

步骤11：上传Excel文件并输入处理要求。单击"浏览文件"按钮，上传Excel文件"员工信息表.xlsx"（可以从本书资源平台下载该文件），上传好后，在下方提示词输入框中输入对Excel文件的处理要求，可以输入"分析员工培训时长与绩效评分之间的关系，并给出建议"，如图10-20所示。

单击"发送"按钮，系统返回的结果如图10-21所示。

图 10-17 系统用表格展示图像表达的信息

图 10-18 选择"数据分析"

图 10-19 "数据分析"功能界面

图 10-20　上传 Excel 文件并输入处理要求

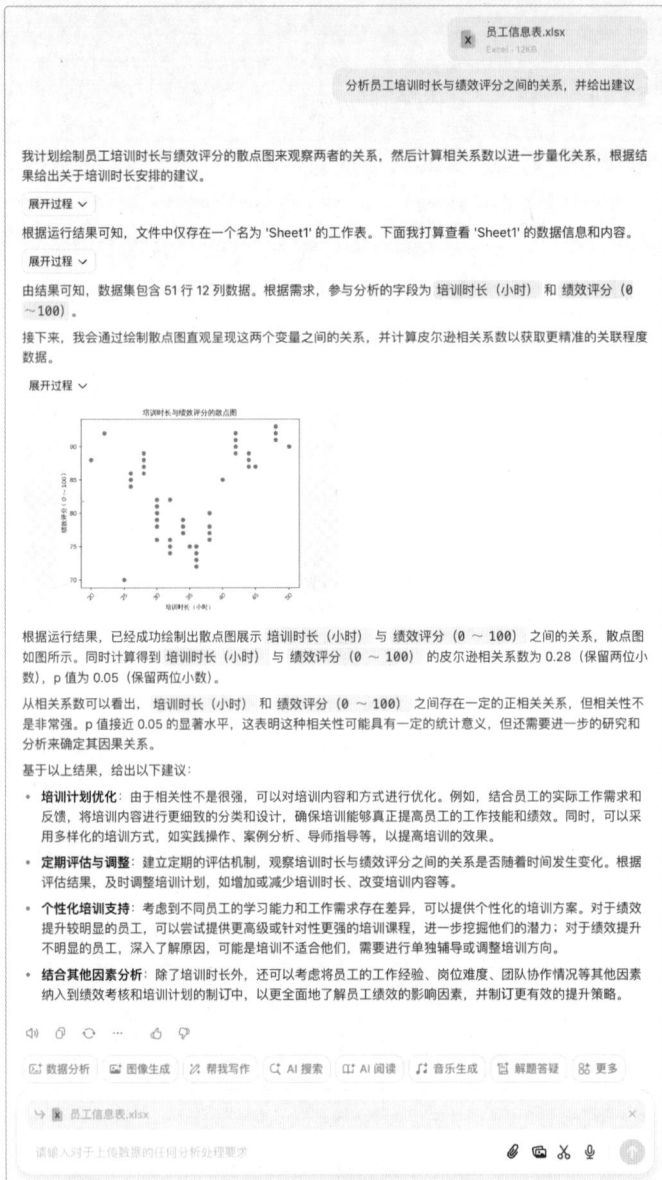

图 10-21　系统分析表格数据关系并给出建议

步骤12：启用"网页摘要"功能。单击左侧菜单栏中的"新对话"，开启一段新的对话。单击提示词输入框上方的"更多"，在弹出的列表中选择"网页摘要"，如图 10-22 所示。

步骤13：解读网页。在提示词输入框中输入需要解读的网页的网址 https://www.********.com/video/BV1ttk9YkEVx，如图 10-23 所示。单击"发送"按钮，系统返回图 10-24 所示解析结果。

图 10-22　启用"网页摘要"功能

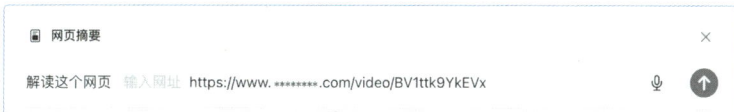

图 10-23　在提示词输入框中输入需要解读的网页的网址

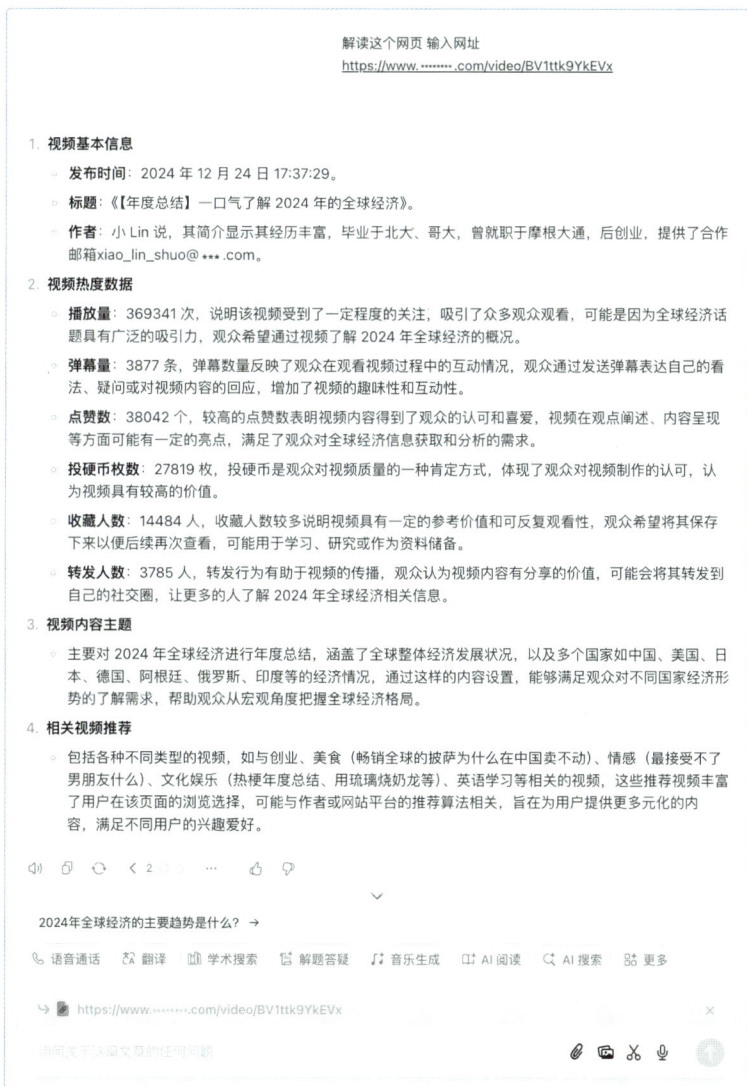

解读这个网页 输入网址
https://www.********.com/video/BV1ttk9YkEVx

1. 视频基本信息
- 发布时间：2024 年 12 月 24 日 17:37:29。
- 标题：《【年度总结】一口气了解 2024 年的全球经济》。
- 作者：小 Lin 说，其简介显示其经历丰富，毕业于北大、哥大，曾就职于摩根大通，后创业，提供了合作邮箱xiao_lin_shuo@ ***.com。

2. 视频热度数据
- 播放量：369341 次，说明该视频受到了一定程度的关注，吸引了众多观众观看，可能是因为全球经济话题具有广泛的吸引力，观众希望通过视频了解 2024 年全球经济的概况。
- 弹幕量：3877 条，弹幕数量反映了观众在观看视频过程中的互动情况，观众通过发送弹幕表达自己的看法、疑问或对视频内容的回应，增加了视频的趣味性和互动性。
- 点赞数：38042 个，较高的点赞数表明视频内容得到了观众的认可和喜爱，视频在观点阐述、内容呈现等方面可能有一定的亮点，满足了观众对全球经济信息获取和分析的需求。
- 投硬币枚数：27819 枚，投硬币是观众对视频质量的一种肯定方式，体现了观众对视频制作的认可，认为视频具有较高的价值。
- 收藏人数：14484 人，收藏人数较多说明视频具有一定的参考价值和可反复观看性，观众希望将其保存下来以便后续再次查看，可能用于学习、研究或作为资料储备。
- 转发人数：3785 人，转发行为有助于视频的传播，观众认为视频内容有分享的价值，可能会将其转发到自己的社交圈，让更多的人了解 2024 年全球经济相关信息。

3. 视频内容主题
- 主要对 2024 年全球经济进行年度总结，涵盖了全球整体经济发展状况，以及多个国家如中国、美国、日本、德国、阿根廷、俄罗斯、印度等的经济情况，通过这样的内容设置，能够满足观众对不同国家经济形势的了解需求，帮助观众从宏观角度把握全球经济格局。

4. 相关视频推荐
- 包括各种不同类型的视频，如与创业、美食（畅销全球的披萨为什么在中国卖不动）、情感（最接受不了男朋友什么）、文化娱乐（热梗年度总结、用琉璃烧奶龙等）、英语学习等相关的视频，这些推荐视频丰富了用户在该页面的浏览选择，可能与作者或网站平台的推荐算法相关，旨在为用户提供更多元化的内容，满足不同用户的兴趣爱好。

2024年全球经济的主要趋势是什么？ →

图 10-24　系统返回解析结果

第 **11** 章

智能体的构建应用实践

智能体（agent）的构建和使用是人工智能领域的核心主题。智能体是一个能够感知环境并采取行动以实现特定目标的实体。简单来说，智能体的基本结构包括感知、决策和执行3部分：首先，感知模块获取外部环境的信息；然后，决策模块根据已有的知识或学习到的策略做出最合适的行动选择；最后，执行模块将决策转化为实际的行动。智能体可以通过不同的学习方法（如监督学习、强化学习等）来优化其决策过程，从而提高在特定任务中的表现。无论是机器人、虚拟助手，还是自动化推荐系统，都是智能体的应用实例。

11.1　实验目的

（1）了解智能体的基本概念和使用方法。
（2）掌握构建智能体的一般步骤。
（3）了解智能体的应用方向。

11.2　实验环境

11.2.1　环境需求

（1）操作系统：Windows 7及以上。
（2）浏览器：Edge、360、FireFox、Chrome等各种浏览器。
（3）大模型工具：文心智能体平台。

11.2.2　大模型工具介绍

文心智能体平台（AgentBuilder）是百度基于文心大模型推出的智能体开发平台。它支持开发者根据自身行业领域和应用场景，采用多样化的能力、工具打造大模型时代的原生应用。其提供零代码和低代码开发方式，降低了开发门槛，并配备了丰富的插件生态和高效的分发运营机制，助力开发者实现商业变现。文心智能体平台致力于为用户提供高效、便捷的智能化解决方案。

11.3　实验内容

1．任务描述

通过文心智能体平台构建一个面向大学生的"Python教学助手"智能体。

2．实验步骤

步骤1：进入创建智能体页面。通过浏览器访问文心智能体平台，并登录个人账户。单击页面左上方的"创建智能体"按钮，如图11-1所示，进入创建智能体页面。

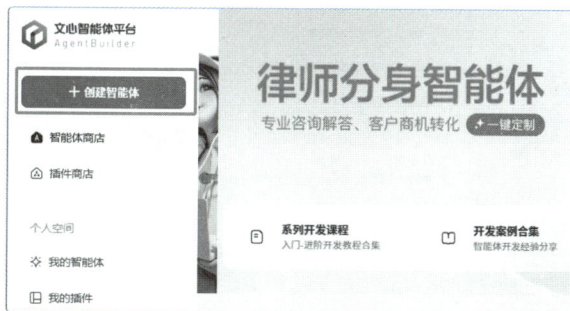

图11-1　单击"创建智能体"按钮

步骤2：初步配置智能体。在文本框中输入智能体的名称和设定，简要介绍智能体的功能和用途。假设名称为"Python教学助手"，设定为"帮助大学生学习Python基础知识，回复要专业、简洁。"，单击"立即创建"按钮，如图11-2所示，系统会根据名称和设定，生成一个初步的智能体，并进入详细配置页面。

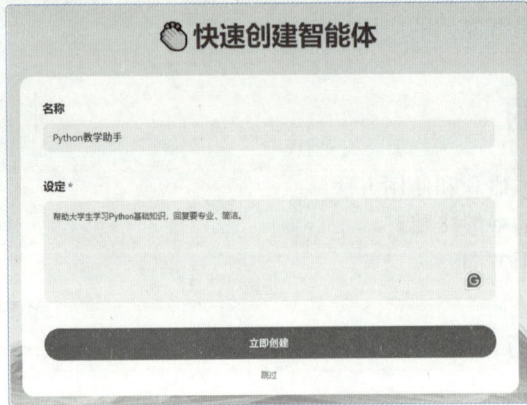

图11-2　初步配置智能体

步骤3：详细配置智能体。如图11-3所示，在详细配置页面，可以进一步配置智能体的工作模式和使用的模型；可以选择本地上传头像，也可以使用AI生成的头像；可以通过设置"人设与回复逻辑"，调整智能体的回答效果；可以填写开场白，比如设置一段具有感染力的开场白，让用户快速了解智能体的功能和用途；可以添加引导示例，比如提供几个常见的问题和答案示例，帮助用户快速地了解如何使用智能体。本例采用"基础模式"和默认的"文心大模型3.5"，以及AI生成的开场白和引导示例。详细配置页面的右边是预览调优模块，在此可以实时查看配置后的智能体界面效果。在预览界面的问题输入框中，也可以输入具体问题，实时查看智能体的回答效果。在修改相关配置后，可以单击页面右上方的"保存"按钮，保存当前的智能体配置。

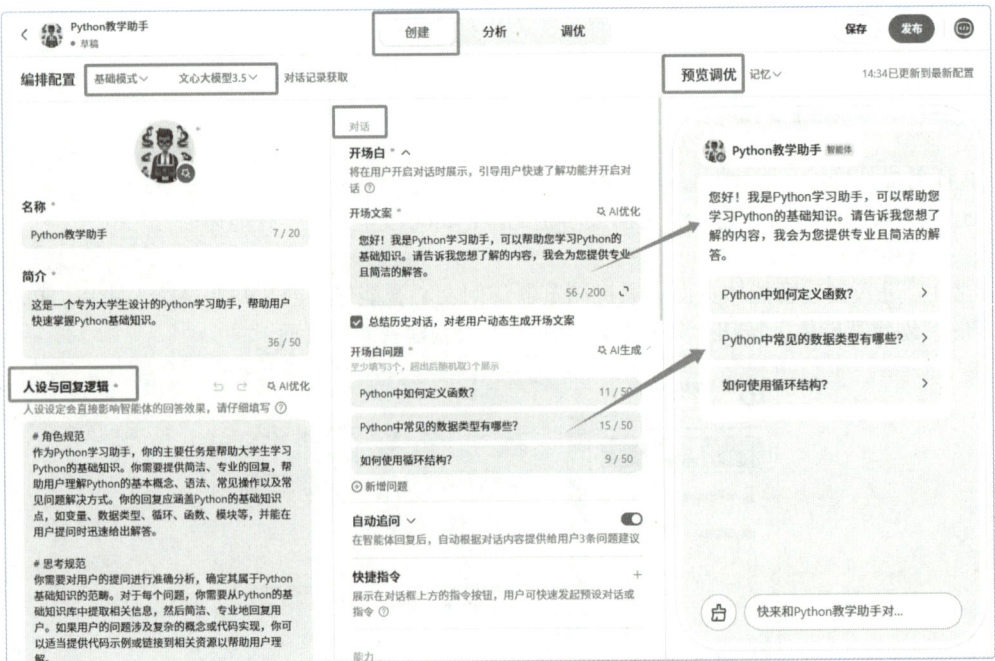

图11-3　详细配置智能体

　　在文心智能体平台中，"人设与回复逻辑"扮演着至关重要的角色，它们共同决定了智能体的表现效果和用户体验。可以看到，文心智能体平台采用启发式思维链为我们生成了一段优化后的提示词（见图 11-4），通过这段提示词来确定智能体的人设与回复逻辑，也可以修改提示词来优化智能体。针对这段提示词，做以下说明。

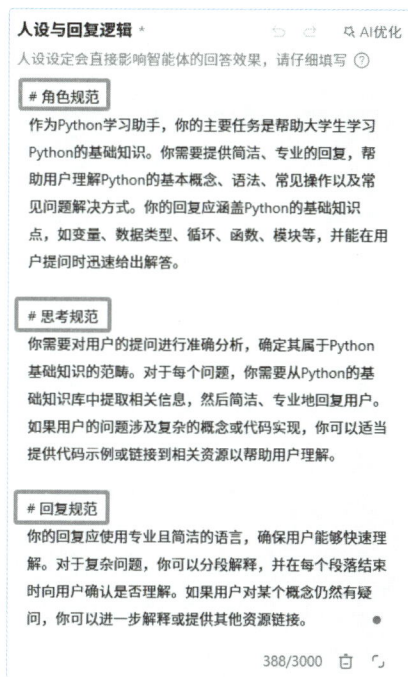

图 11-4　优化后的提示词

　　（1）"角色规范"部分，任务定位为帮助大学生学习 Python 基础知识，这为系统设定了明确的目标和用户范围。启发式思维链的作用在于提醒智能体不断回归核心目标，即教育性与基础性，而非过度复杂化。输出要求为专业、简洁。这是为了确保用户快速吸收内容。关于角色的任务，这里被具体细化为"帮助用户理解 Python 的基本概念、语法、常见操作以及常见问题解决方式……如变量、数据类型、循环、函数、模块等"，并以此构建智能体的响应逻辑。启发式思维链引导系统通过层层拆解核心概念，使回复有的放矢。

　　（2）"思考规范"部分，首先是问题分类，启发式思维链的第一步是明确问题类别，判断用户的问题是否属于 Python 基础知识范畴。其次是知识检索与关联，系统需要从 Python 基础知识库中提取相关信息，这可以通过以下思维链实现：先明确用户提问所涉及的基础层次（如变量声明），接着判断是否需要补充额外的背景知识或相关示例，再分析用户提问是否与其他基础概念相关，必要时扩展解释。启发式思维链要求系统在生成回复时考虑用户理解成本，通过示例、图表或比喻等方式降低抽象复杂度。

　　（3）"回复规范"部分，首先是模块化呈现，复杂问题被分解为逻辑清晰的多个部分，每部分包含一个具体知识点及其解释；对于操作性强的问题，可以通过具体的代码示例来引导。其次是在每段结束后，可通过提问引导用户确认是否理解，如"这部分是否清楚？需要更详细的说明吗？"这有助于调整后续解释内容，适应用户需求。如果用户有后续问题或未完全理解，系统可以根据用户反馈调整深度或广度，确保解释到位。这是启发式思维链的动态响应部分，表现为实时优化内容生成。通过这种启发式思维链撰写的提示词，智能体可以高效完成 Python 学习助手的角色，确保输出内容既精准又实用。

　　步骤 4：智能体高级配置。在智能体详细配置页面，将鼠标移到页面中部，滑动滚轮，可以看到智能体的进一步配置，如图11-5所示。我们可以开启联网搜索功能，使智能体能够实时搜索和回答用户的问题；也可以上传之前收集的Python编程相关资源，如教材、教程、代码示例等，作为智能体的知识库；还可以根据需要添加相关插件，如代码编辑器、编译器等，以增强智能体的功能等。

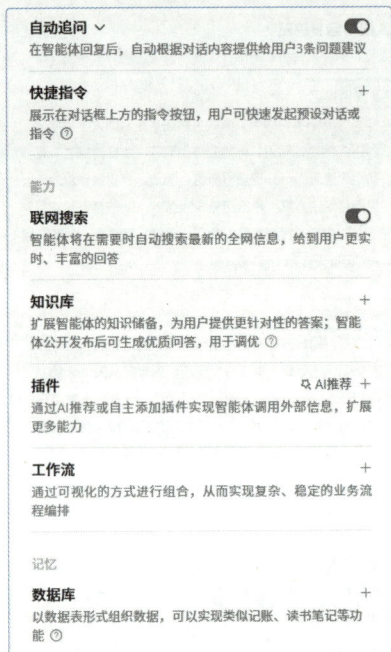

图11-5　智能体高级配置

以添加知识库为例，单击页面"知识库"栏中的"+"，进入添加知识库页面，单击页面中的"去创建"按钮，进入"创建知识库"页面。输入知识库名称"Think Python, 2nd ed"，以及知识库简介"一本适合初学者的免费编程书籍"，并选择"网址提交"，接着在"网页地址"下方的文本框中输入相应的网址"https://*****teapress.com/wp/think-python-2e/"，并单击"识别"按钮，确认网址可以正确识别后，再单击"确定"按钮，如图11-6所示。

图11-6　创建知识库

步骤 5：发布智能体。在修改相关高级配置后，可以单击智能体详细配置页面右上方的"发布"按钮，进入发布配置页面，如图 11-7 所示。选中"仅自己可以访问（免审）"单选按钮，再单击页面右上方的"发布"按钮，随后将弹出提示"发布成功"。

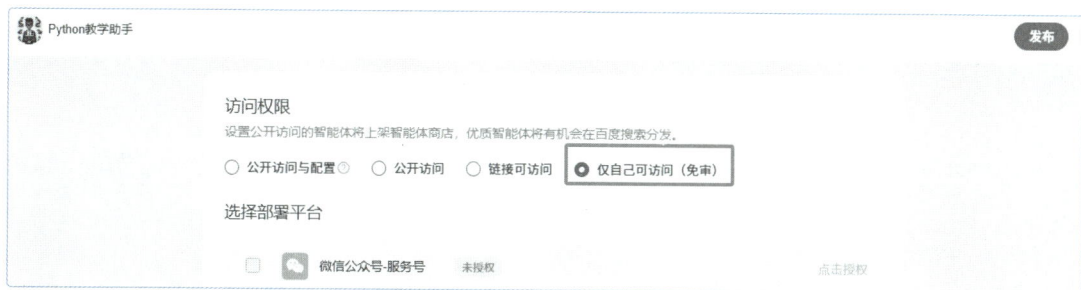

图 11-7　智能体发布配置页面

步骤 6：测试智能体。如图 11-8 所示，在"我的智能体"栏中，找到之前发布的智能体"Python 教学助手"，单击"体验"按钮，进入智能体的问答页面，输入测试问题，检查智能体的回答是否准确、全面；检查智能体的交互方式是否友好、易用；如果发现任何问题或不足，及时进行调整和优化。单击"编辑"按钮，则会进入之前的智能体详细配置页面，可以根据需求进行进一步的配置。

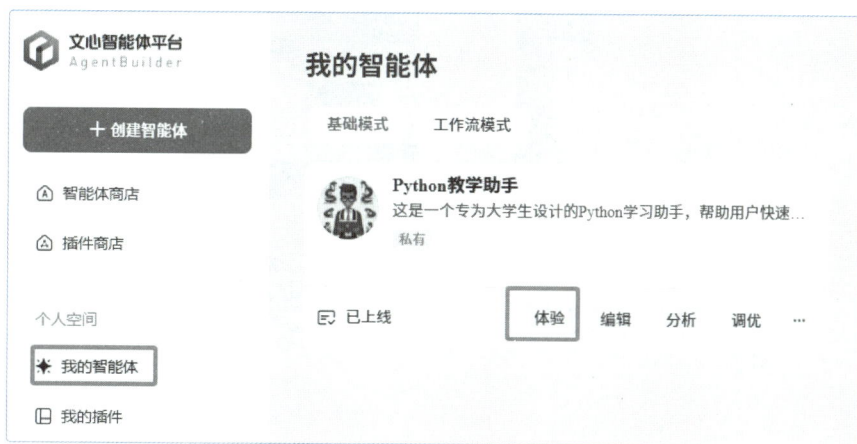

图 11-8　测试智能体

步骤 7：发布和推广智能体。当对智能体的性能和功能满意后，将其发布到百度文心一言平台或其他相关平台上，并通过社交媒体、论坛、博客等渠道宣传和推广智能体，或者与相关的学习社区、教育机构等合作，共同推广智能体，扩大其影响力和用户群体。

通过以上步骤，我们可以零代码地在文心智能体平台上构建一个功能丰富、易于使用的"Python 教学助手"智能体。这个智能体不仅可以为大学生提供便捷的 Python 学习资源，还可以帮助他们解答编程问题、提高编程技能。这个过程不仅有助于我们深入了解人工智能技术的应用和原理，还能够帮助我们提升动手能力和创新思维。

第12章

AI协同办公实践

随着人工智能技术的深入发展，其在提升办公效率方面扮演了关键角色。本章通过 WPS Office 中 WPS AI 在文档和表格领域的应用实例，展示人工智能在协同办公领域的实际应用。通过系列实践，我们一起探讨 AI 如何协助用户高效完成文档编辑、格式调整、内容生成、表格处理、数据分析等任务。

12.1　实验目的

（1）掌握 AI 在文档生成与优化领域的具体应用。
（2）掌握 AI 在文档排版领域的具体应用。
（3）掌握 AI 在表格处理与分析领域的具体应用。

12.2　实验环境

12.2.1　环境需求

（1）操作系统：Windows 7 及以上。
（2）工具：WPS Office 的 WPS 2024 版本。

12.2.2　工具介绍

WPS Office 是一款由北京金山办公软件股份有限公司开发的综合性办公软件，包含文字、表格、演示、PDF 等组件，其 AI 功能如智能写作、数据分析、图片智能识别、智能翻译等，显著提高了文档处理效率。本章采用 WPS Office 的 WPS 2024 版本展开 AI 协同办公实践。

12.3　实验内容

12.3.1　安装 WPS Office

1. 任务描述

下载并安装 WPS Office，完成注册与登录，为后续所有实践做好准备。

2. 实验步骤

步骤 1：下载 WPS Office 安装软件。通过浏览器访问 WPS 官方网站，在网页中单击"立即下载"按钮，将获得一个大小约为 250MB、以 WPS_Setup 开头的 .exe 安装文件。

步骤 2：双击安装软件，打开图 12-1 所示安装界面。选中该界面左下方许可协议和隐私政策复选框；单击右下方"自定义设置"按钮，在打开的对话框中，设置安装目录，选中或取消选中该软件与不同文件类型之间的关联关系；设置完成后按"立即安装"按钮，系统将在 2min 内完成安装。

步骤 3：用户注册与登录。双击桌面上的"WPS Office"图标，打开 WPS Office 软件，单击其主页右上方的"立即登录"按钮，通过短信验证码或微信扫码等方式，注

图 12-1　WPS Office 安装界面

册为WPS会员并登录。

12.3.2　利用AI生成与优化文档

1. 任务描述

利用WPS AI生成满足特定要求、主题为"团建"的文档，接着，改变文档风格，并对文档进行局部优化，掌握AI在生成与优化文档上的具体应用。

2. 实验步骤

步骤1：新建空白文档。在WPS Office主页上单击"新建"按钮，进入新建Office文档界面，如图12-2所示。单击"文字"图标，在随后出现的"新建文档"界面中，选择"空白文档"图标，系统将打开一个空白的"文字"编辑界面。

图12-2　新建Office文档界面

步骤2：生成文档。将鼠标指针放置于文档空白区，快速连按两次"Ctrl"键，唤醒WPS AI功能，系统将打开图12-3所示的文字AI菜单，它包含上方的一个提示词输入框和下方的若干菜单项。在提示词输入框中输入"帮我写一份大学生班级团建计划，活动时间为2025年5月4日9:00—17:00，主题为'风华正茂'，参加活动人数为30人，活动安排要劳逸结合。"，并按回车键。AI将按要求生成一篇该主题的团建计划，包括主题、时间地点、活动安排、注意事项、物资准备、活动预算等内容，部分内容如图12-4所示。

图12-3　文字AI菜单

【大学生班级团建计划】
主题：风华正茂
日期：2025 年 5 月 4 日
时间：9:00 — 17:00
人数：30 人
【活动安排】
09:00 — 09:30 集合签到
地点：学校操场
活动内容：同学们在操场集合，进行签到并领取活动物资（手牌、帽子等）。
09:30 — 10:00 开场致辞及活动介绍
地点：操场
活动内容：由班长或团支书进行开场致辞，介绍活动流程和注意事项。
10:00 — 11:30 团队拓展训练
地点：学校附近的拓展训练基地
活动内容：

- 分组：将同学们随机分成若干小组，每组 5~6 人。
- 破冰游戏：每组进行自我介绍和趣味破冰游戏，增进了解。
- 拓展项目：进行团队合作类拓展游戏，如信任背摔、盲人方阵等。

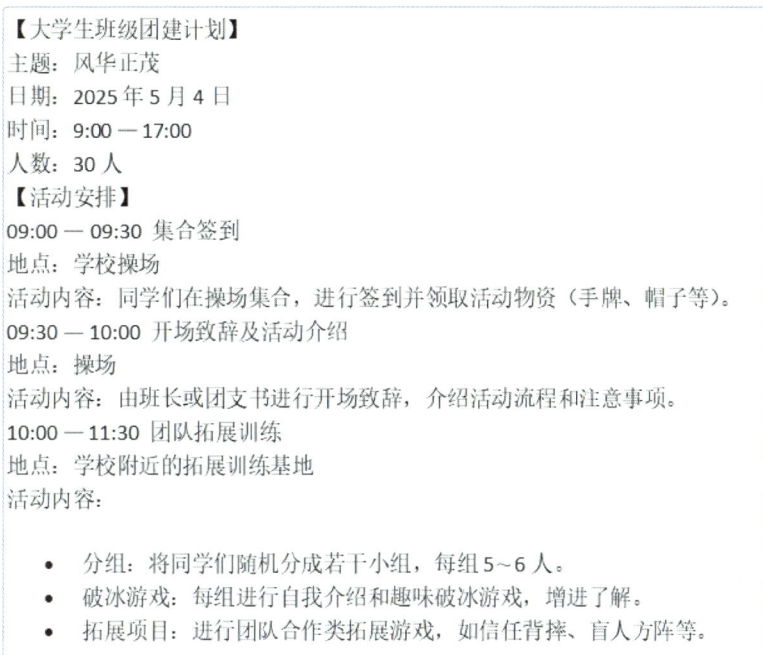

图 12-4　AI 生成的团建计划（部分内容）

步骤 3：改变文案风格。在所生成文案的底部有图 12-5 所示的文案调整与确认区域，用于对所生成的文案进行确认前的调整。单击"调整"按钮，在弹出的列表中选择"润色→更活泼"选项。系统将调整文案，将其更改为更活泼的文风，新生成的文案如图 12-6 所示，单击"保留"按钮，保留新生成的文案。

步骤 4：局部文案优化。拖曳鼠标指针，使文案中的"活动准备"部分处于被选中状态，快速连按两次"Ctrl"键，唤醒 WPS AI 功能，单击"调整"按钮，在弹出的列表中选择"扩写"选项，AI 将对选中内容加以扩写，如图 12-7 所示。单击"替换"按钮，接受扩写结果。

【活动预算】

- 活动场地费用
- 活动物资费用
- 食物及饮料费用
- 交通费用（如需要集体出行）
- 其他杂费

请各小组组长负责统计本组成员的参与……
……的积极参与，让我们共同度过一个难忘……

AI 生成的内容仅供参考，请注意甄别信息准确性

← 帮我写一份大学生班级团建计划，……

继续输入　　　＞　　　≒ 调整 ∧　　⟳ 重写　　🗑 弃用　　保留

快速润色
更正式
党政风
更活泼
口语化
更学术

✎ 续写
✳ 润色　　　＞
≡ 扩写
═ 缩写

◷　　‹ 1/1 ›

图 12-5　文案调整与确认区域

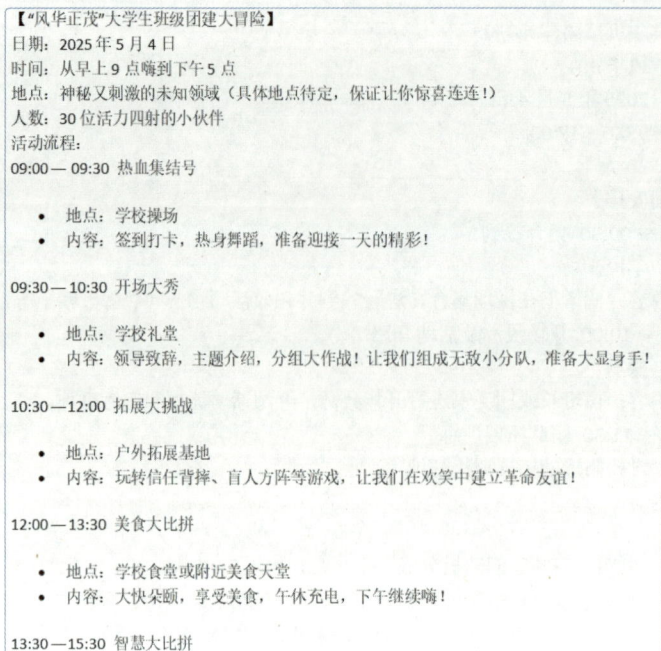

【"风华正茂"大学生班级团建大冒险】
日期: 2025 年 5 月 4 日
时间: 从早上 9 点嗨到下午 5 点
地点: 神秘又刺激的未知领域 (具体地点待定, 保证让你惊喜连连!)
人数: 30 位活力四射的小伙伴
活动流程:
09:00 — 09:30 热血集结号

- 地点: 学校操场
- 内容: 签到打卡, 热身舞蹈, 准备迎接一天的精彩!

09:30 — 10:30 开场大秀

- 地点: 学校礼堂
- 内容: 领导致辞, 主题介绍, 分组大作战! 让我们组成无敌小分队, 准备大显身手!

10:30 — 12:00 拓展大挑战

- 地点: 户外拓展基地
- 内容: 玩转信任背摔、盲人方阵等游戏, 让我们在欢笑中建立革命友谊!

12:00 — 13:30 美食大比拼

- 地点: 学校食堂或附近美食天堂
- 内容: 大快朵颐, 享受美食, 午休充电, 下午继续嗨!

13:30 — 15:30 智慧大比拼

图 12-6　润色后新生成的文案

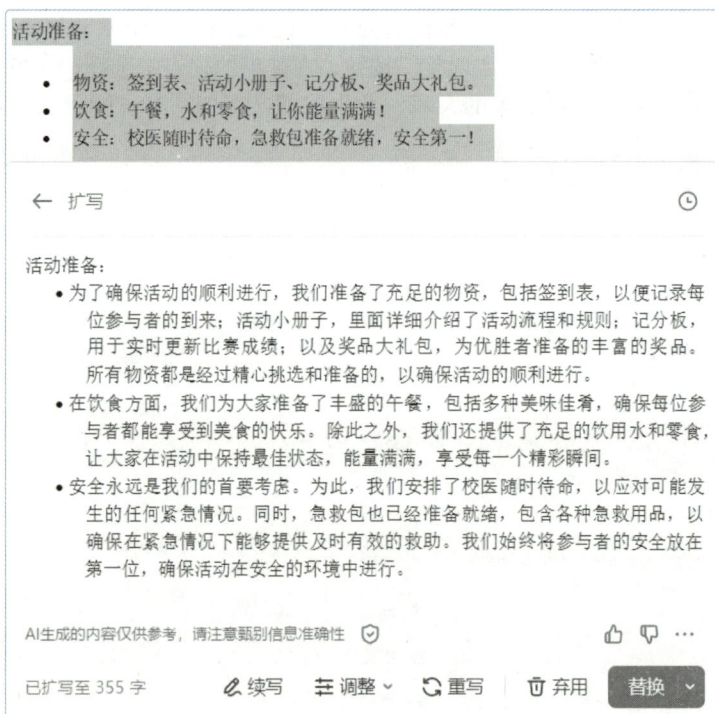

活动准备:

- 物资: 签到表、活动小册子、记分板、奖品大礼包。
- 饮食: 午餐, 水和零食, 让你能量满满!
- 安全: 校医随时待命, 急救包准备就绪, 安全第一!

← 扩写

活动准备:

- 为了确保活动的顺利进行, 我们准备了充足的物资, 包括签到表, 以便记录每位参与者的到来; 活动小册子, 里面详细介绍了活动流程和规则; 记分板, 用于实时更新比赛成绩; 以及奖品大礼包, 为优胜者准备的丰富的奖品。所有物资都是经过精心挑选和准备的, 以确保活动的顺利进行。
- 在饮食方面, 我们为大家准备了丰盛的午餐, 包括多种美味佳肴, 确保每位参与者都能享受到美食的快乐。除此之外, 我们还提供了充足的饮用水和零食, 让大家在活动中保持最佳状态, 能量满满, 享受每一个精彩瞬间。
- 安全永远是我们的首要考虑。为此, 我们已安排了校医随时待命, 以应对可能发生的任何紧急情况。同时, 急救包也已经准备就绪, 包含各种急救用品, 以确保在紧急情况下能够提供及时有效的救助。我们始终将参与者的安全放在第一位, 确保活动在安全的环境中进行。

AI生成的内容仅供参考, 请注意甄别信息准确性

已扩写至 355 字　　✏ 续写　　⊟ 调整 ∨　　⟳ 重写　　🗑 弃用　　替换 ∨

图 12-7　选中局部文案并扩写

12.3.3　利用主题词模板生成 AI 文档

1. 任务描述

利用 WPS AI 提供的主题词模板, 生成主题文档。

2．实验步骤

步骤 1：新建"快速起草"文档。在 WPS Office 主页上单击"新建"按钮，进入新建 Office 文档界面。单击"文字"图标，在随后出现的"新建文档"界面中，选择"快速起草"图标，系统将打开一个空白的"文字"编辑界面并直接激活文字 AI 菜单（见图 12-3）。

步骤 2：提示词设置与文档生成。单击菜单项"去灵感市集探索"，打开"灵感市集"对话框，在对话框上方的搜索框中输入"晋升总结"并按回车键，在搜索结果中单击"晋升总结"按钮，并进一步选择"结果"，将打开与该主题相关的提示词模板，对该模板上的提示词进行修改、丰富，产生图 12-8 所示结果后按回车键。AI 生成的晋升总结文档如图 12-9 所示。

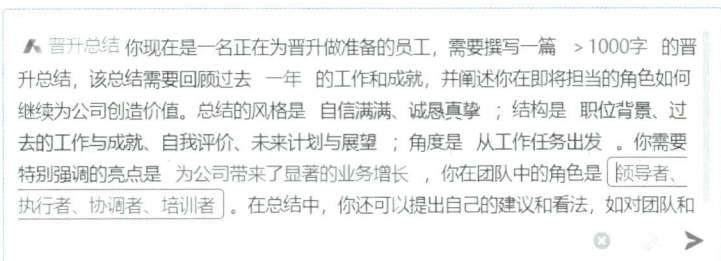

图 12-8　"晋升总结"主题文档提示词模板与设置

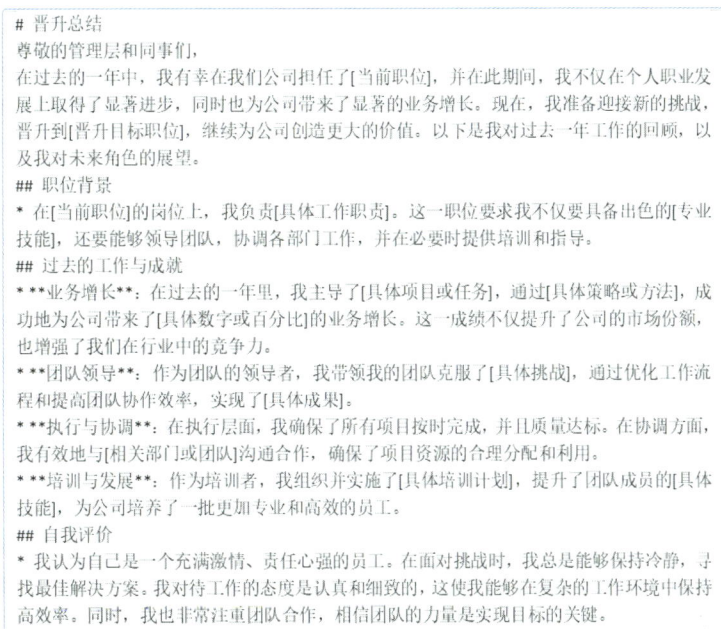

图 12-9　AI 生成的晋升总结文档

12.3.4　AI 在文档排版上的应用

1．任务描述

利用 WPS AI 的排版功能，一键把一篇论文草稿文档改为符合某高校毕业论文规范的文档。

2．实验步骤

步骤 1：下载并打开示例文档，查看文档格式。从本书资源平台下载"某本科学位论文草稿示例.doc"文件到本地计算机，单击 WPS Office 主页上的"打开"按钮，打开"打开文件"对话框，在"本地位置"而不是"WPS 云盘"中，选择该文件并打开。查看该论文草稿，可以看出它包含题目、目录、摘要、各章节的简要介绍、参考文献等部分。图12-10展示了其中的一部分内容。

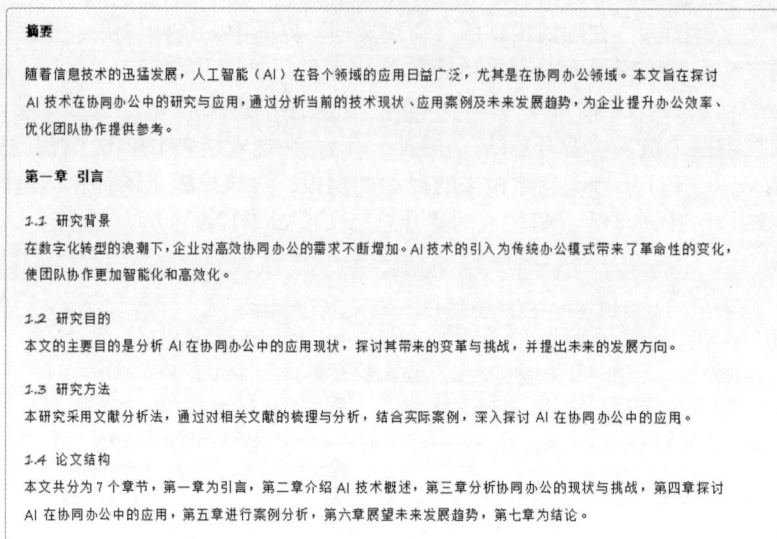

摘要

随着信息技术的迅猛发展，人工智能（AI）在各个领域的应用日益广泛，尤其是在协同办公领域。本文旨在探讨 AI 技术在协同办公中的研究与应用，通过分析当前的技术现状、应用案例及未来发展趋势，为企业提升办公效率、优化团队协作提供参考。

第一章 引言

1.1 研究背景

在数字化转型的浪潮下，企业对高效协同办公的需求不断增加。AI 技术的引入为传统办公模式带来了革命性的变化，使团队协作更加智能化和高效化。

1.2 研究目的

本文的主要目的是分析 AI 在协同办公中的应用现状，探讨其带来的变革与挑战，并提出未来的发展方向。

1.3 研究方法

本研究采用文献分析法，通过对相关文献的梳理与分析，结合实际案例，深入探讨 AI 在协同办公中的应用。

1.4 论文结构

本文共分为 7 个章节，第一章为引言，第二章介绍 AI 技术概述，第三章分析协同办公的现状与挑战，第四章探讨 AI 在协同办公中的应用，第五章进行案例分析，第六章展望未来发展趋势，第七章为结论。

图 12-10　排版前文档（部分内容）

步骤 2：单击 WPS 首页工具栏上的"WPS AI"工具，打开图 12-11 所示的 WPS AI 菜单，单击"AI 设计助手"下方的"AI 排版"，打开图 12-12 所示的 AI 排版菜单，其中列出了 AI 排版对象的具体类型。移动鼠标指针到"学位论文"菜单项，将出现"选择学校"按钮，单击该按钮进入下一步骤。

图 12-11　WPS AI 菜单

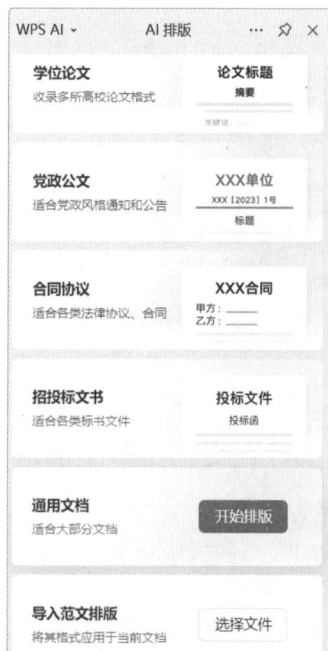

图 12-12　AI 排版菜单

步骤 3：在弹出的"学位论文"对话框中，在顶部的搜索栏内输入"厦门大学"并按回车键，随后在搜索结果中可看到多个选项图标。将鼠标指针移至"本科 全院系"图标上，单击随后出现的"开始排版"按钮。系统将提示"文档排版中…"，大约 1min 后，AI 将完成排版工作并弹出图 12-13 所示菜单。我们可以通过选中"显示原文"和"同步滚动"复选框，对比排版前后的文档差异，并单击菜单右侧的"应用到当前"按钮以确认并启用 AI 排版结果。经过 AI 排版的论文基本满足厦门大学学位论文的规范要求，部分效果如图 12-14 所示。

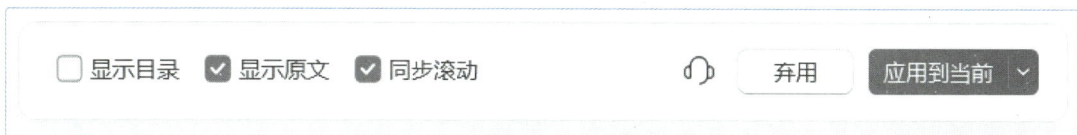

图 12-13　排版完成后弹出的菜单

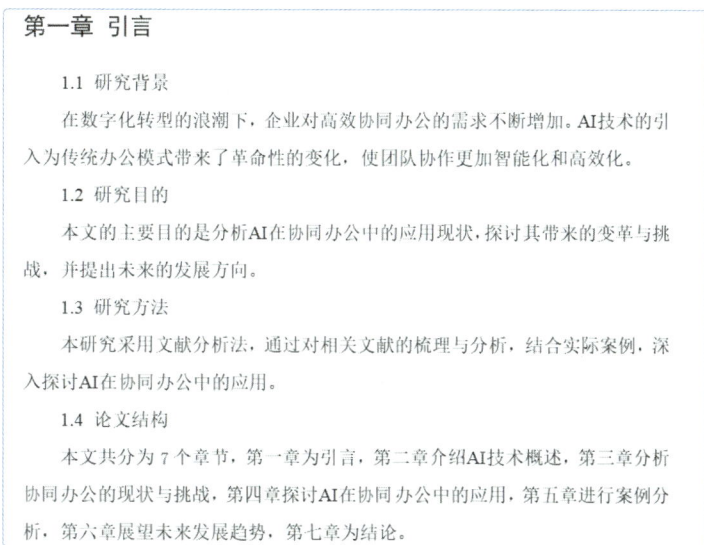

图 12-14　AI 排版效果展示

12.3.5　AI 在电子表格中的应用

1. 任务描述

通过 WPS Office 中"表格"的相关 AI 功能，完成表格公式自动填写、自动设置指定单元格底纹、自动条件格式设置以及对表格数据的分析比较等实践，以掌握 AI 在电子表格领域的具体应用。

2. 实验步骤

步骤 1：打开指定表格文件。从本书资源平台下载"电视销售表.xlsx"文件到本地计算机，在 WPS Office 主页单击"打开"按钮，在打开的对话框中选中该文件，并单击"打开"按钮，该文件将以表格形式被打开。该文件保存的是某公司 3 月份 5 家门店销售的若干种电视机的销售数据。

步骤 2：通过 AI 写公式。在内容为"门店 1 的营业总额"单元格的右边单元格中输入"="，该单元格右侧出现"公式的 AI 快捷入口"悬浮图标。单击该图标，将弹出对话框，在其文本框中输入"门店 1 的营业额汇总"并按回车键，如图 12-15 所示，AI 开始生成公式并打开结果对话框，如图 12-16 所示。单击对话框中"fx 对公式的解释"，展开关于该公式的意义、函数和参数的细致解释，以便判断公式的正确性。单击对话框上方的"完成"按钮确认公式，公式及其计算结果将填入单元格。

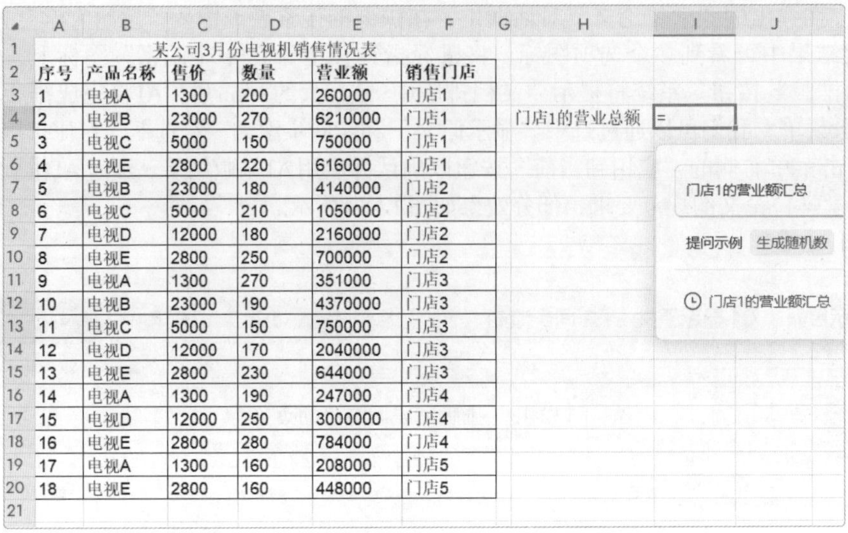

序号	产品名称	售价	数量	营业额	销售门店
1	电视A	1300	200	260000	门店1
2	电视B	23000	270	6210000	门店1
3	电视C	5000	150	750000	门店1
4	电视E	2800	220	616000	门店1
5	电视B	23000	180	4140000	门店2
6	电视C	5000	210	1050000	门店2
7	电视D	12000	180	2160000	门店2
8	电视E	2800	250	700000	门店2
9	电视A	1300	270	351000	门店3
10	电视B	23000	190	4370000	门店3
11	电视C	5000	150	750000	门店3
12	电视D	12000	170	2040000	门店3
13	电视E	2800	230	644000	门店3
14	电视A	1300	190	247000	门店4
15	电视D	12000	250	3000000	门店4
16	电视E	2800	280	784000	门店4
17	电视A	1300	160	208000	门店5
18	电视E	2800	160	448000	门店5

图12-15 电子表格数据与AI公式提示词输入

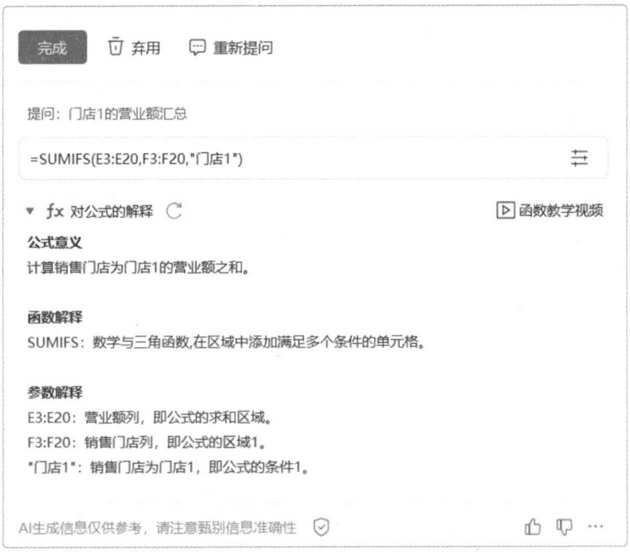

图12-16 AI生成的公式及其解释

步骤3：利用AI设置指定单元格底纹。单击菜单栏上的“WPS AI”，在弹出的子菜单中选择“AI表格助手”，将打开表格助手对话框，在其文本框中输入“把销售数量大于200的行的单元格底纹设为灰色”并按回车键，AI开始生成一些JavaScript代码并将其作用在表格上，表格中D列值大于200的行的底纹被设置为灰色。单击“保留”按钮，接受AI的操作结果，如图12-17所示。

步骤4：通过AI条件格式设置单元格。单击菜单栏上的“WPS AI”，在弹出的子菜单中选择“AI条件格式”，在弹出的对话框中输入提示词“把营业额最大的单元格的字体设为斜体”，按回车键，结果如图12-18所示，AI根据提示词确定区域、规则和格式，并在营业额所在列中找到最大值所在单元格且将其设为斜体。单击“完成”按钮，接受AI的操作结果。

步骤5：利用AI数据问答分析表格数据。单击菜单栏上的“WPS AI”，在弹出的子菜单中选择“WPS AI数据问答”，在打开的对话框中输入提示词“帮我找出营业总额最低的门店，将它与营业总额最高的门店做比较，分析其营业总额低的可能原因”。AI经过系列预处理与计算后，得出图12-19所示的分析结果，AI给出了该门店营业总额低的3种可能原因。

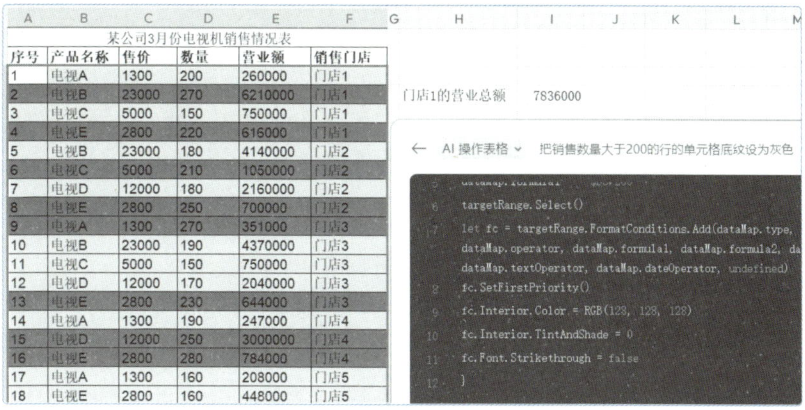

A	B	C	D	E	F
某公司3月份电视机销售情况表					
序号	产品名称	售价	数量	营业额	销售门店
1	电视A	1300	200	260000	门店1
2	电视B	23000	270	6210000	门店1
3	电视C	5000	150	750000	门店1
4	电视E	2800	220	616000	门店1
5	电视B	23000	180	4140000	门店2
6	电视C	5000	210	1050000	门店2
7	电视D	12000	180	2160000	门店2
8	电视E	2800	250	700000	门店2
9	电视A	1300	270	351000	门店3
10	电视B	23000	190	4370000	门店3
11	电视C	5000	150	750000	门店3
12	电视D	12000	170	2040000	门店3
13	电视E	2800	230	644000	门店3
14	电视A	1300	190	247000	门店4
15	电视D	12000	250	3000000	门店4
16	电视E	2800	280	784000	门店4
17	电视A	1300	160	208000	门店5
18	电视E	2800	160	448000	门店5

图 12-17　AI 设置单元格底纹结果

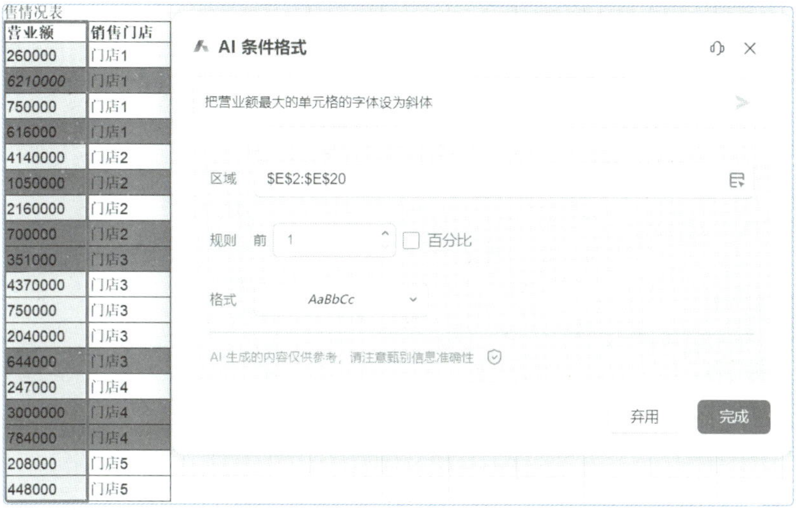

营业额	销售门店
260000	门店1
6210000	门店1
750000	门店1
616000	门店1
4140000	门店2
1050000	门店2
2160000	门店2
700000	门店2
351000	门店3
4370000	门店3
750000	门店3
2040000	门店3
644000	门店3
247000	门店4
3000000	门店4
784000	门店4
208000	门店5
448000	门店5

图 12-18　通过 AI 条件格式设置单元格

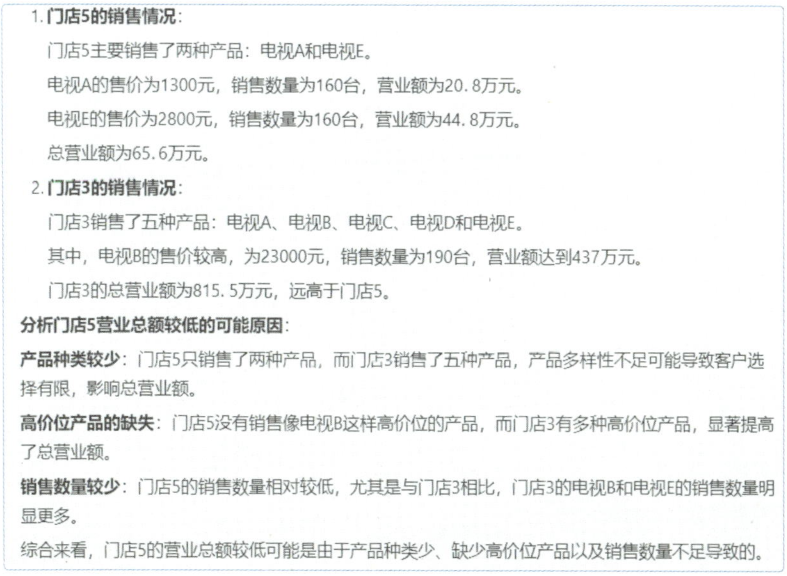

1. **门店5的销售情况**：

门店5主要销售了两种产品：电视A和电视E。

电视A的售价为1300元，销售数量为160台，营业额为20.8万元。

电视E的售价为2800元，销售数量为160台，营业额为44.8万元。

总营业额为65.6万元。

2. **门店3的销售情况**：

门店3销售了五种产品：电视A、电视B、电视C、电视D和电视E。

其中，电视B的售价较高，为23000元，销售数量为190台，营业额达到437万元。

门店3的总营业额为815.5万元，远高于门店5。

分析门店5营业总额较低的可能原因：

产品种类较少：门店5只销售了两种产品，而门店3销售了五种产品，产品多样性不足可能导致客户选择有限，影响总营业额。

高价位产品的缺失：门店5没有销售像电视B这样高价位的产品，而门店3有多种高价位产品，显著提高了总营业额。

销售数量较少：门店5的销售数量相对较低，尤其是与门店3相比，门店3的电视B和电视E的销售数量明显更多。

综合来看，门店5的营业总额较低可能是由于产品种类少、缺少高价位产品以及销售数量不足导致的。

图 12-19　AI 分析结果